「メルセデス・ベンツ」
オーナーへの道

松下　宏

グランプリ出版

はじめに

　ドイツ本社の100パーセント資本によりメルセデス・ベンツ日本が設立された1986年1月以降、サービス体制の充実が図られるなど、同社は日本での販売に力をいれるようになった。単なる輸出国ではなく、日本の市場動向を意識するようになり、日本のユーザーにとって敷居の高いイメージからの脱却を図ってきた。

　もともと日本の市場は、輸入車にとってむずかしく販売台数が多くなかった。日本車のディーラーのサービスは万全でありながら、メンテナンスなどに対する費用も安くてすむのに対して、高級輸入車は、車両価格だけでなくメンテナンスでも部品の価格でも高いのが当然と思われていたからだ。そこで、お金に糸目を付けない一部のお金持ち以外は手が出せないというイメージを払拭して、あるレベル以上の所得のあるクルマの好きな層をもターゲットにして、販売の拡張を図ることになった。

　日本の自動車メーカーは、2007年にもトヨタがGMを抜いて世界一になるのではと言われるほど隆盛を極めている。でも、日本のメーカーが得意とするのは故障の少ないクルマを安く大量につくることに過ぎなかったりする。それはそれでとても良いことで、だからこそ世界中でたくさんの日本車が売れているが、日本の自動車メーカーが自動車の進化にどれだけ貢献したかと問われたら、残念ながらほとんど貢献していないのが実情である。

　それに対してメルセデス・ベンツは、自動車を発明しただけでなく、その後の自動車の進化にも大きく貢献し続けてきた。自動車の走りのパフォーマンスだけではなく、安全性や耐久性などの面で見れば、メルセデス・ベンツなくして自動車は、ここまで来れなかったのではないかといえるほどだ。

　だから、メルセデス・ベンツを選び、自分のクルマとして保有して使用することは、自動車とは何かをもう一度自分に問い直すことでもある。あるいは人間にとって自動車とは何かを考え直すキッカケをつくることでもあると思う。メルセデス・ベンツを選べば、結果としてそうした気持ちになれるのではないか。

　いずれにしても、必ずしもそうした目的意識を持つかどうかはともかく、メルセデス・ベンツに乗ろうとする人にとって、少しでも参考になればとの思いで書いたのが本書である。

　最後になるが、本書をつくるに当たって、ダイムラー日本(東京都港区六本木1-9-9ファーストビル Tel:0120-190-610)、(株)ヤナセ(東京都港区芝浦1-6-38 Tel:03-3452-4311)の広報課の方々に資料の提供や取材などで、お世話になったことを感謝したい。

松下　宏

「メルセデス・ベンツ」オーナーへの道

目 次

第1章 憧れのベンツとはどんなクルマか……………………9
- ●メルセデス・ベンツに乗る………………………………………9
- ●自動車を発明したメーカーがメルセデス・ベンツ……………11
- ●メルセデス・ベンツのクルマづくりを象徴する"最善か無か"……12
- ●"シャシーはエンジンよりも速く"………………………………14
- ●長きにわたる衝突実験の歴史から生み出されたクラッシャブルゾーン……15
- ●耐久性の高さが品質の高さ………………………………………19
- ●メルセデス・ベンツの安全性は神話か現実か…………………20
- ●環境性能の高いクルマの導入……………………………………21
- ●モデルチェンジサイクルの長いメルセデス・ベンツ…………24
- ●メルセデス・ベンツの価格と価値………………………………25
- ●BMWやアウディとは何が違うのか……………………………27

第2章 車種ガイド……………………………………………29
■Eクラス……30／■CLSクラス……37／■Cクラス……40／■Cクラスステーションワゴン……47／■Cクラススポーツクーペ……51／■CLKクラス……53／■Aクラス……57／■Bクラス……61／■Sクラス……65／■SLKクラス……71／■SLクラス……75／■CLクラス……79／■Mクラス……82／■Rクラス……86／■GLクラス……89／■Gクラス……92／■Vクラス……95／■バネオ……97／■スマート……99／■マイバッハ……102／■SLRマクラーレン……104／■AMGモデル……106

第3章 メルセデス・ベンツの何をどう選ぶか＝新車編＝…109
- ●メルセデス・ベンツの各モデルはどの日本車に対応するか……109
- ●メルセデス・ベンツの最小モデルはAクラス、トヨタの最小モデルはパッソ……111
- ●同じ価格帯に重なるCクラスとEクラスはどちらを選ぶか………114

- ●モデル末期の熟成モデルと発売直後の新型車はどちらが良いか……114
- ●Sクラスなど上級車では左ハンドル車がよく売れているが……116
- ●車両価格400万円のCクラスは支払い総額はいくらか……117
- ●ローンで買うなら頭金はどれくらい必要か……118
- ●支払い額の少ない残価設定型ローンでの購入は有利か……120
- ●メルセデス・ベンツのディーラーは近寄りがたいか……122
- ●メルセデス・ベンツも値引きして販売するのか……123

第4章 中古車購入の指針と予算別ガイド……126

- ●安さを追って失敗するな……126
- ●輸入中古車市場で不動の人気ナンバーワンはメルセデス・ベンツ……127
- ●メルセデス・ベンツを中古車で選ぶ……129
- ●価格の安さ以外にも中古車を選ぶ意味やメリットがある……130
- ●中古車ではクルマを選ぶ前に販売店を選ぶことが大切……131
- ●インターネットの通信販売やオークションの利用はどうか……132
- ●保証付きの「認定中古車」とはどんな中古車か……133
- ●認定中古車以外の中古車を選ぶなら……133
- ●車両価格以外に30万円の予算をみておくことの意味は？……135
- ●何年落ち、何万キロ走行までなら大丈夫か……135
- ●同年式・同グレード、同じ走行距離なのにどうして価格に差がつくのか…137
- ●ボディカラーや装備による人気と価格の違いをどう見るか……138
- ●人気の高い旧型Cクラスセダンの狙い目モデルは……139
- ●Cクラスステーションワゴンの狙い目モデル……141

第5章 維持費と長持ちさせるメンテナンスのコツ……143

- ●メンテナンスに対する考え方……143
- ●メルセデス・ベンツの維持費は高いか安いか……144
- ●メルセデス・ベンツを維持するために月にいくら必要か……145

- ●中古車を買ったときの維持費はどうなる……………………………147
- ●A／C／E／S／Mクラスの車検整備費用…………………………148
- ●サービスプログラム「メルセデス・ケア」とは……………………155
- ●整備は正規ディーラー以外でも受けられるか………………………156
- ●サービスプログラムの保証が切れたら街工場に点検修理に出したいが？…156
- ●故障知らずで安上がりにすませるメンテナンスのコツ……………157
- ●5万km走ったメルセデス・ベンツではどこに注意するか………159
- ●高額な部品でも割安といわれるリビルトパーツとは？……………160

第6章 メルセデス・ベンツの歴史……………………161
1. 両メーカーの合併までの草創期の活動……………………162
■ダイムラーとマイバッハ…164／■自動車メーカーへの道…166／■メルセデス車の登場…167／■カール・ベンツの活動…170／■ダイムラーとベンツのレースでの活躍…173／■第一次世界大戦の影響…174

2. ダイムラーとベンツの合併から第二次大戦まで……………176
■両メーカーの合併…176／■小型車か大型高級車かの対立…178／■ディーゼルエンジンやスリーブバルブエンジンの開発…180／■世界恐慌のなかで…181／■グランプリレースでの制覇…183

3. 第二次大戦後の復興とブランドの確立……………………185
■戦後の乗用車生産の開始…185／■レースへの復帰と高級スポーツカーの開発…187／■車種の充実と性能向上…190／■保守的なイメージに対する危機感…191／■Eクラス及びCクラスの誕生…193

4. 国際的な競争時代のなかで………………………………194
■脱石油の時代を見越して…194／■国際的な競争のなかでの連衡合従のすえに…196

装幀：藍　多可思

第1章 憧れのベンツとはどんなクルマか

● メルセデス・ベンツに乗る

　メルセデス・ベンツは日本でも多くの人にとって憧れのクルマとされている。メルセデス・ベンツのユーザーはとても幅広く、真っ当な成功者だけでなく、クルマによって存在を主張するような好ましからざる人物までいるようだ。そのため、逆にメルセデス・ベンツを毛嫌いする人がいるのも確かだが、いずれにしてもメルセデス・ベンツの存在感の高さを証明するものともいえる。

シンボルマークの変遷。左側、ダイムラーのスリーポインテッドスターとベンツの月桂冠のシンボルが1926年の合併後に合体して、現在の形になった。

メルセデス・ベンツの走りに共通するのは操縦安定性の高さ。

単なる高級車であったり、価格の高いクルマということであれば、メルセデス・ベンツを上回るクルマはたくさんある。しかし、性能や安全性や耐久性や品質やステイタスなど、いろいろな要素を考慮すれば、最高峰のクルマといえるのはやはりメルセデス・ベンツをおいてほかにない。

価格については、メルセデス・ベンツも十分に高く、これはある意味で大きな欠点ともいえるが、その壁を越えることが可能である人なら、ぜひともメルセデス・ベンツに乗るべきだと思う。

恐らく、クルマについて最も深く考えているのがメルセデス・ベンツであり、その結果、つくられ販売されているクルマは並みのクルマとは大きく異なっている。メルセデス・ベンツに乗ることで、クルマとはこういうものなのか、ということが見えてくる部分がある。その多くは日本車にはないもので、メルセデス・ベンツの次にまた日本車に乗ろうと思ったなら、メルセデス・ベンツに乗って分かったことは、次の日本車を選ぶときに大きな参考になるはずだ。

日本車は全体として、価格の安さや品質の高さ(故障の少なさ)などで世界市場を席巻しつつあるが、クルマづくりに取り組む姿勢ではメルセデス・ベンツとは大きな違いがある。日本車では価格を安くすることにプライオリティが置かれるが、メルセデス・ベンツは価格のために安易に妥協したりしない。これが大きく異なる点だ。出来上がるクルマがどれほど違ったものになるかは実際に乗ってみるとよく分かる。日本車でも、最近は品質の高さや高級感などを前面に出したプレミアムカーを市販しており、性能や装備などでは、メルセデス・ベンツをしのぐものも登場している。しかし、そうした性能に表された数値ではない、クルマとしての価値観、ダイナミックな性能や操作性などで、日本車は大きく差をつけられているのが現状だ。日本車が優位に立っているのは、行き届いた装備やユーザーに対するサービス機構などで、クルマの本質ではない部分である。したがって、クルマの本質とは何かを知ろうとしたら、日本車にだけ乗っていたのでは、いつまでたっても不可能である。

メルセデス・ベンツはドイツを始めとするヨーロッパだけでなく、アメリカでも性能や信頼性などを理由に高く評価されている。ほとんどの州で速度制限のあるアメリ

第1章 憧れのベンツとはどんなクルマか

ワインディングロードを走るメルセデス・ベンツC300。

カでは高速性能などは必要ないともいえるのだが、その性能が評価されて高性能車として受け入れられている。

　日本でも同様で、メルセデス・ベンツの性能や品質、ステイタスなどは先進国で安定した評価を確立している。

　それだけでなく、クルマの普及が始まったばかりの新興国に行くと、最初に走り出すのはやはりメルセデス・ベンツなのだ。新興国ではおうおうにして貧富の差が激しく、クルマなどとはほとんど縁のない大多数の人と、クルマを所有できるほんの一握りの金持ちという図式になっているところが多い。その大金持ちのユーザーが、まずクルマに乗り始めるに当たって、最初に走るクルマがメルセデス・ベンツになる。これはやはり安全性や信頼性、ステイタスなどが評価されるためだ。

　新興国から先進国まで、もちろんその中間にある国々も含めて、メルセデス・ベンツはとても高い評価を得ている。仮に少々価格が高かったとしても、クルマといえばメルセデス・ベンツなのだ。これは良い意味でも、悪い意味でも、メルセデス・ベンツの存在感を示す事実である。

●自動車を発明したメーカーがメルセデス・ベンツ

　誰が自動車を発明したのかについてはいくつかの議論があるが、自動車の発明者はカール・ベンツであるというのが最も一般的な結論だ。より正確にいえば、実際に走行可能なガソリン自動車ということになるが、これを発明したのがカール・ベンツであることは、彼の自伝でも詳しく触れられている。

　自動車はいろいろな要素から成り立っているが、カール・ベンツはガソリンを気化してエンジンに送る仕組みや、エンジンを電気点火する方式、エンジンの動力をタイヤに伝えたり切ったりするクラッチ機構、クルマがカーブを曲がるための差動装置など、いくつもの需要な要素を考案しており、自動車の発明者としてふさわしい人物だ。

11

これだけいろいろな要素を一人で考案したというだけでも、カール・ベンツが自動車を発明した大天才であることが分かる。

ダイムラー日本のホームページでも、19世紀の末にドイツで取得された特許などによってカール・ベンツが自動車の発明者であることを主張している。

カール・ベンツからやや遅れるが、ほぼ同時期にゴットリーフ・ダイムラーもガソリン自動車を考案しており、自動車用ガソリンエンジンではベンツとダイムラーの功績が群を抜いている。20世紀初頭にはベンツとダイムラーがそれぞれ自動車メーカーとして競い合って自動車を進化させてきた。同時に、アメリカやフランスでも自動車の技術は急速に進んだ。そして、ベンツとダイムラーが合併してダイムラー・ベンツとなったのは1926年だ。

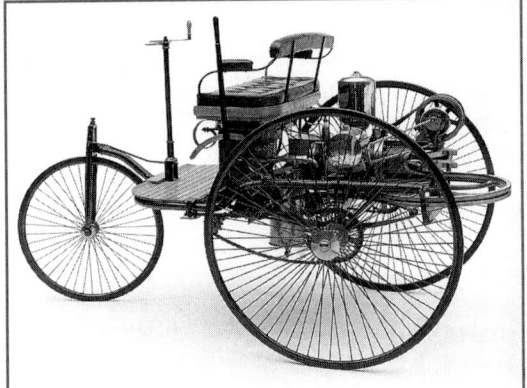

1886年カール・ベンツ製作の三輪自動車。0.8馬力のエンジンでホイールをチェーン駆動した。

ダイムラーと共にガソリンエンジン製作にのりだしたマイバッハ設計による4輪自動車。鋼製車輪で1.5馬力エンジン搭載。

いずれにしても、自動車を発明した最も古い自動車メーカーとしてのルーツを持つのがダイムラー・ベンツである。1998年にはクライスラーとの合併によってダイムラー・クライスラーに名前を変更し、さらに2007年にはクライスラー部門の売却によってダイムラーへと名前を変更するが、自動車の歴史に大きな名前を刻み、自動車の進化に大きく貢献してきたのがダイムラー・ベンツだった。

●メルセデス・ベンツのクルマづくりを象徴する"最善か無か"

メルセデス・ベンツのクルマづくりの姿勢を示す言葉に"最善か無か"がある。ユーザーのために最善のものであるなら採用するが、最善とはいえないような中途半端なものなら採用しないという姿勢を示す言葉だ。

第1章 憧れのベンツとはどんなクルマか

ほかの自動車メーカーだと、ともすればコストなどを理由にして、ユーザーにとって良いことであっても採用しなかったり、あるいは中途半端なものであっても採用したりしがちである。ところが、メルセデス・ベンツのクルマづくりは徹底していて、中途半端なことはしない。

これもカール・ベンツが『Das Beste, oder Nichts』として、クルマづくりの指針としてきたこととされている。

現在メルセデス・ベンツブランドのクルマは、スマートを含めて全車に横滑り防止装置のESPが標準装備されている。日本で軽自動車として販売されていたスマートKにもESPは標準で装備されていたのだ。

メルセデス・ベンツがESPをSクラスに採用したのと、トヨタが同じ機能を持つVSCを開発したのはほとんど同時だったが、2007年の今、トヨタ車にはVSCが装備されていないクルマがたくさんある。標準で装備されるクルマがわずかしかないというだけでなく、オプション設定さえまるでない車種がたくさんあることを考えると、その姿勢の違いがよく分かる。

トヨタ以外の日本の自動車メーカーは、トヨタよりもさらに遅れた設定しかなされていない。横滑り防止装置を標準装備にすることで、数万円の価格アップになると、競合車に売り負けてしまうとの考えから、なかなか標準装備にしないのだ。

メルセデス・ベンツがESPを全車に標準装備しているのは、1997年に発売されたAクラス

ダイムラーとベンツ合併時のポスター。

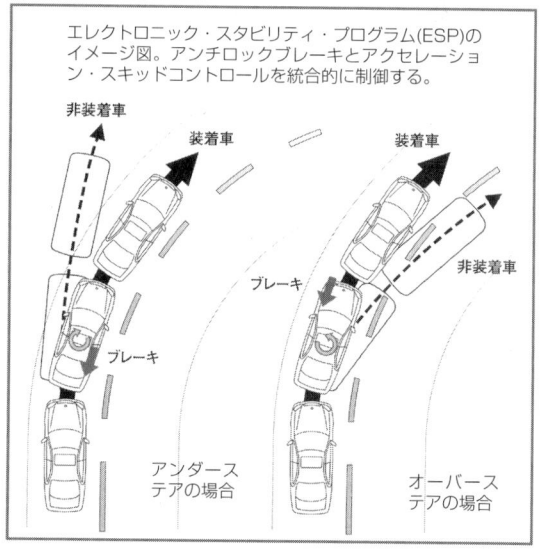

エレクトロニック・スタビリティ・プログラム(ESP)のイメージ図。アンチロックブレーキとアクセレーション・スキッドコントロールを統合的に制御する。

が、スウェーデンで実施されたエルクテストで横転事故を起こしたことがひとつのキッカケであるのは確かだ。発売を間近に控えた走行テストでのAクラスの横転事故はメルセデス・ベンツが100年かけて築き上げてきた名声を一気に揺るがすような事態だったが、これに

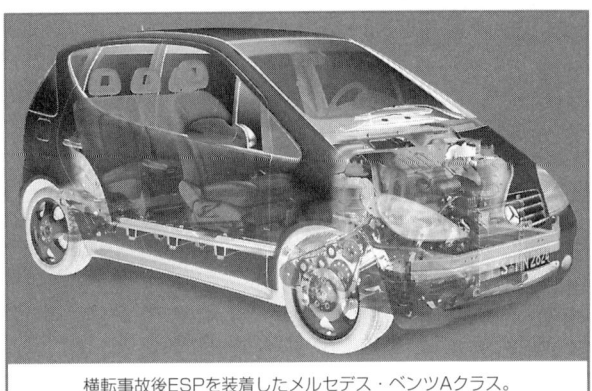

横転事故後ESPを装着したメルセデス・ベンツAクラス。

対するメルセデス・ベンツの対応がまたしっかりしていた。
　Aクラスが一定の厳しい走行条件下で横転する可能性があることが確認されると、すぐに誤りを認めた上で、出荷していたAクラスを回収し、横転を防止するESPを装着した上で改めて出荷したのだ。この堂々とした対応もメルセデス・ベンツならではのものである。

●"シャシーはエンジンよりも速く"

　"シャシーはエンジンよりも速く"という言葉もメルセデス・ベンツのクルマづくりを象徴することのひとつである。
　これはエンジンの性能以上に余裕のあるシャシーを持つことで、操縦安定性の高いクルマをつくるというメルセデス・ベンツの姿勢を示すものだ。現在では、6.0リッターのV型12気筒エンジンにツインターボを装着した仕様まで用意しており、この性能は450kW（612ps）／1000N・mのパワー＆トルクを持つものであり、とてもではないが、これより速いシャシーは考えられないから、額面通り受け取ることはできなくなったが、どのメルセデス・ベンツに乗っても、その高い操縦安定性がドライバーに大きな安心感を

1931年にコンパクトカー170シリーズの開発に当たって、同社の操安性の水準を保つために採用された四輪独立懸架。これは世界で最初だった。フロントは横置きリーフ、リアはコイルスプリング採用。

与えるのは確かだ。

　よく言われることに、メルセデス・ベンツで高速を走るとクルマが沈み込むような安心感を感じるというものがある。これは道路の上っ面を滑っている感じしか受けない国産車に対する対比として言われる。

　日本の自動車メーカーの技術者に言わせると『メルセデス・ベンツも高速走行時にサスペンションが沈み込んだりしていない』とのことだ。でも、実際に運転するドライバーの実感として、メルセデス・ベンツには大きな安心感があり、国産車には上滑りするような不安感がある。

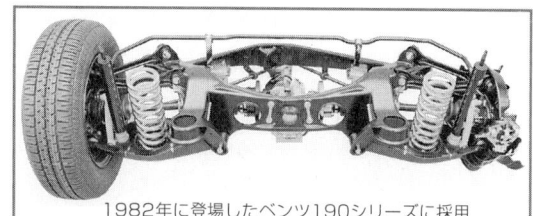

1982年に登場したベンツ190シリーズに採用されたリアのマルチリンク式サスペンション。

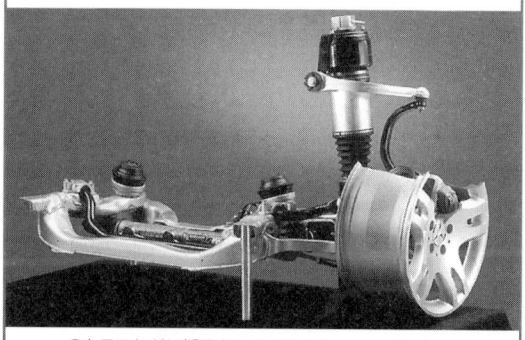

Sクラスなどに採用されているAIRマティックサスペンション。乗員数にかかわらず車高を一定に保ち、高速時に車高を下げて走行安定性を向上させる。

　日本の自動車メーカーの技術者もそのこと自体は理解しているが、何がその感覚の違いにつながっているのかが分からないという。それはドライビングポジションによるものだったり、運転席での包まれ感だったり、走行中の視界だったり、加速フィールだったり、操作するステアリングホイールやペダル類のフィーリングだったりするのだろうが、それらを総合して安定した走りを実現するクルマに仕上げられている。

　メルセデス・ベンツには安定感があり、BMWには軽快感があるという対比もしばしばなされる。BMWが同じプレミアムカーをめざしても、ベンツと同じ行き方をしたのではかなわないからで、つまりメルセデス・ベンツを意識してやっていることだ。最新のCクラスではアジリティという言葉によってBMW的なスポーティな方向性を目指そうともしているが、それも高い操縦安定性の上に立ってのことである。

●長きにわたる衝突実験の歴史から　　　　生み出されたクラッシャブルゾーン

　メルセデス・ベンツの持つ価値のひとつに安全がある。これは長きにわたるメルセデス・ベンツの研究開発によって培われてきたものだ。

ダイムラー・ベンツが社内に安全に関する研究を進める部署を設けたのは1939年と言われているから、これはまだ戦前のこと。この時代に衝突安全を考え始めたこと自体が凄いことであり、ほかのメーカーとは比べものにならない歴史を持つ。実際にクルマを衝突させる実験は、1959年から始められている。

衝突実験を行う中で、どうすれば乗員の安全が確保できるかがだんだんに分かるようになり、クラッシャブルゾーンなど衝突エネルギーを吸収するボディ構造を考案することにつながっていった。

1940年代に車両の安全のために開発されたフレーム。前面からの衝撃をフロアに分散させる発想で「アクシデント・セーファー」と呼ばれた。

今では、トヨタがGOAボディであるとか、日産がゾーンボディコンセプトなどといって安全ボディをつくっているが、それは元はといえばメルセデス・ベンツの実験に由来するものだ。もしもメルセデス・ベンツが安全ボディで排他的な特許を取得していたら、世界のクルマづくりはどんなことになっていただろうかと思わせるところがある。

衝突実験は製造コストが非常に高くつく高価な試作車を何台も壊さなければならないため、多くの自動車メーカーはなるべく衝突させる台数を少なくしようとする。最近では、コンピューターによるシミュレーションで分かる部分も多くなったため、実際に衝突させる台数はどんどん少なくなっていると日本の自動車メーカーは言う。

でも、メルセデス・ベンツは現行Cクラスの開発にあたり、コンピューターによるシミュレーションを5500回以上も行いながらも、実車による衝突実験を100回以上もこなしている。単にNCAPで決められ

1951年のメルセデス170Vでの衝突実験シーン、こうしたテストにより1953年に衝撃吸収構造を採用した180が登場した。

た安全基準をクリアできるかどうかを確認するだけでなく、さらに深くクルマに乗る人(今はクルマと衝突した人も)の安全を考えて実験を繰り返しているのだ。

日本の主要な自動車メーカーは、それぞれ非常に充実した衝突実験の施設を持つようになった。でも、本当に安全な

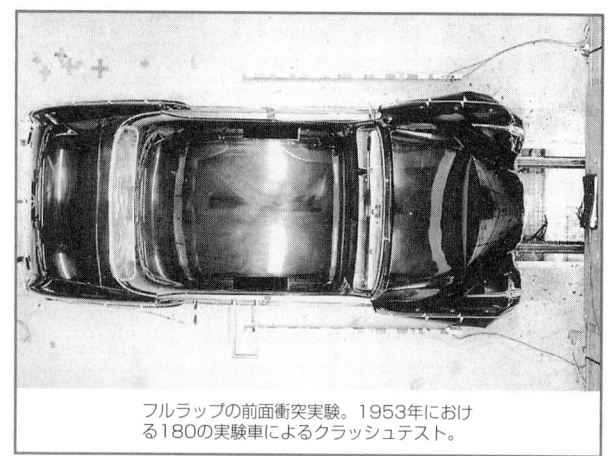

フルラップの前面衝突実験。1953年における180の実験車によるクラッシュテスト。

クルマをつくるための実験という観点からすると、メルセデス・ベンツにはまだ一歩も二歩も及ばないのが実情である。

メルセデス・ベンツがつくるクルマが安全なのは、徹底した衝突実験だけによるものではない。むしろ衝突実験を重ねる中で、実験での衝突と現実の事故との違いも大

近年重要視されている側面衝突実験。

きいことが分かり、入念な事故調査も合わせて行うようにしたことがメルセデス・ベンツの安全性を高めてきた。

メルセデス・ベンツが交通事故の調査を始めたのは1969年で、州政府や警察などとの協力の下に、事故調査活動を開始した。事故が発生するとすぐにメルセデス・ベンツの調査チームが現場に駆けつけ、どのような状況で事故が発生したか、クルマや乗員はどんなダメージを受けたかなどを詳細に調査する。乗員に対する追跡調査まで加えれば3000項目にものぼる調査が行われるというから、その徹底振りが分かるだろう。

こうした調査によって得られたデータを元に衝突実験が行われ、その結果がクルマに反映されるといったことの繰り返しによって、メルセデス・ベンツの安全性が高められてきたのだ。

日本では、現在でこそ交通事故総合分析センター(ITARDA)が警察などと協力して事故調査を行うようになっているが、ITARDAが設立されたのは1992年。メルセデス・

ベンツの事故調査に比べたら歴史は浅く、調査情報の蓄積はまだまだというのが実情である。

こうしたなかで、安全性に大きく寄与したシステムや技術が、最初に実用化されたのが、メルセデス・ベンツであることが多い。その例がABSやESPである。今では軽自動車でも常識となったABS(アンチロック・ブレーキング・システム)は、メルセデス・ベンツが1970年に開発したものだ。

滑りやすい路面で急ブレーキを踏んでも、タイヤがロックしないように各輪の制動力を自動的に制御する仕組みだ。私が免許を取得したのは1970年代前半だったが、まだ日本車にはABSが採用されておらず、ブレーキは踏み続けるとロックするの

詳細な事故調査が安全につながる。

コンパチビリティに対応したEクラスのフロント。

で、断続的に踏む(ポンピングブレーキと言った)のが良いとされていた。

ABSは人間の足に代わって電子制御によって1秒間に何回という、人間では対応できない速度でブレーキ力を制御し、ホイールのロックを防いでクルマの方向性を維持したり、操舵を可能にしたりするものだ。ABSの普及によって、ドライバーはポンピングブレーキなどを気にすることなく、ブレーキは思い切り踏み続ければ良いようになった。

当初メルセデス・ベンツは共同開発したボッシュとともにABSの特許を主張したため、メルセデス・ベンツからかなり遅れて後追いで同様の機構を開発した日本の自動車メーカー各社は、トヨタがESC、日産が4WAS、ホンダが4W-ALBという具合に、ほかの名前を使わざるを得なかった。

その後、メルセデス・ベンツが主張を変えたことで、今では世界中の自動車メーカーが電子制御ブレーキをABSと呼ぶようになっている。

ABSとともにメルセデス・ベンツが開発した最新の安全機構にESP(エレクトロニッ

ク・スタビリティ・プログラム＝横滑り防止装置）がある。クルマがオーバースピードでコーナーに進入しようとしたときなど、内側のタイヤと外側のタイヤに異なるブレーキ力を与えることで、クルマが路外に飛び出すのを防ぐ機構だ。ABSとトラクションコントロールを総合的に制御するものでもある。

ESPは1995年にSクラスから採用が始まったが、これはABSとともにクルマの事故率を確実に低減させる効果のある機構として高く評価されている。

ABSから20年以上も経過した1990年代のESPになると、日本の自動車メーカーも技術力を大きく向上させており、メルセデス・ベンツがESPを採用するのとほとんど同時にトヨタが同じ機構のVSCを開発して採用したほか、ほかのメーカーも次々に追従したのは前に述べたとおりである。

横滑り防止装置については、ヨーロッパでは主にESPという呼び方で統一されつつあるが、日本ではVSC、VDC、VSAなどさまざまな呼び名になっている。これらの機構のサプライヤーであるボッシュやコンチネンタルテーベスなどはESCで統一しようという動きを見せているが、まだ統一には至っていない。

●耐久性の高さが品質の高さ

日本ではクルマを評価するときに『インパネ回りの高い品質感』などという表現をしばしば目にする。ともすれば、私もそのような表現をしてしまうこともあるので反省しなければならないが、インパネ回りの仕上げの良さは必ずしも品質の高さを示すものではなく、単に見栄えが良いだけのことだ。

この点、メルセデス・ベンツが品質の高さを言うときには、単に見た目の良さではなく、耐久性の高さを品質の高さとして使うのが普通だ。新車として発売された当初の見栄えの良さではなく、10年経過した後のコンディションがどうであるかが問題だというのだ。

インパネ回りのクォリティではないが、メルセデス・ベンツのEクラスに7年間で21万kmほど乗った経験から言うと、メルセデス・ベンツは本気で耐久性を考えたクルマづくりをしている。21万kmも走ったにもかかわらず、サスペンションは

独特の構造で安全性を確保したAクラス。エンジンが衝突時にフロア下に移動して安全性を確保する。

ヘタリもせず、ほとんど変わらない乗り心地を維持していたのだ。

E320の新車を買って乗り始めた当初はいろいろな走り方をしたものの、途中からは穏やかな乗り方しかしなくなったのでサスペンションに対する負荷が少なかったのも理由のひとつかもしれないが、だとしてもたまに知り合いを乗せると「これが20万kmも走ったクルマか!?」と驚かれたものだった。

メルセデス・ベンツが本気で20万km、30万kmの耐久性を考えたクルマづくりをしていることが、しっかりした足回りによってとても良く理解できた。

●メルセデス・ベンツの安全性は神話か現実か

衝突実験や事故調査を元に、またABSやESPのなどのデバイスを装備するなどしてつくり上げられたメルセデス・ベンツの安全性だが、これがどこまでが本当で、どこからが実際以上に評価されているのかという疑問の声を耳にすることもある。

そのひとつの例として、ユーロNCAPというヨーロッパ基準でのクルマの衝突実験によると、メルセデス・ベンツは必ずしも高い成績を残していないとわかる。ルノー車などのほうが好成績を残すなど、この基準での安全性評価ではメルセデス・ベンツより良いクルマが多かったりした。この傾向は2007年になってもなお残っている。

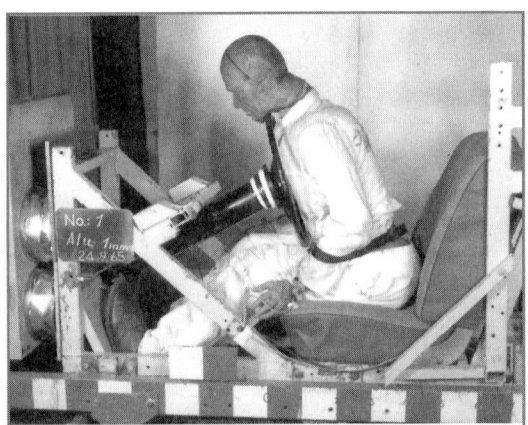

ステアリングの安全性実験。衝撃吸収ステアリングもいち早く採用。

だからといって、ただちにメルセデス・ベンツの安全神話が崩れ去るわけではない。ユーロNCAPの例でいえば、クルマの安全性に対する評価の仕方が、ユーロNCAPのそれと、メルセデス・ベンツのそれとで違いがあるために、必ずしも好成績を残せなかったのだ。当然ながらメ

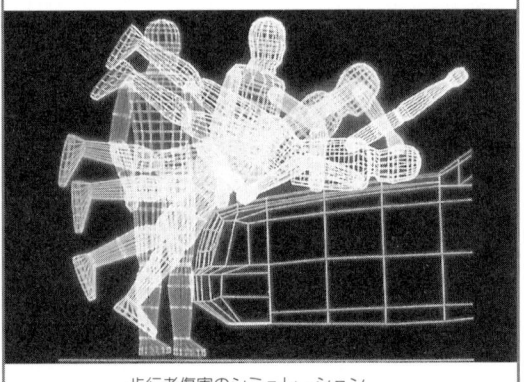

歩行者傷害のシミュレーション。

ルセデス・ベンツは、自社のクルマの現実世界での安全性は高いレベルにあると主張している。決まり切った安全基準だけで評価するのではなく、あらゆる事故の状況を考慮し

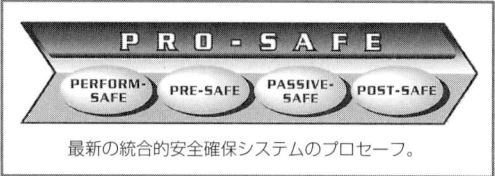

最新の統合的安全確保システムのプロセーフ。

て、トータルで安全性を高めたほうが良いという考えだ。

　メルセデス・ベンツが、とても安全性の高いクルマであるのは間違いないが、しかし実際以上に高く評価されている傾向があるのも、また確かである。

　特に日本では何年か前まで「メルセデス・ベンツに乗車中に事故で死亡した人はいない」などというウワサが流されていた。これなどはメルセデス・ベンツの安全性を必要以上に神格化した例だろう。具体的に事例を知っているわけではないが、メルセデス・ベンツに乗っていても、事故の形態によっては死亡することだってありうるはずだ。

　日本では保険会社が事故のデータを公開していないので何ともいえないが、事故の発生率や事故発生時の死亡率、傷害率などの車種別のデータがあれば、メルセデス・ベンツの安全性の高さが容易に証明されるであろうことは想像に難くない。

　話がそれてしまうが、損害保険会社は、どのクルマが1台当たり何人の人間を事故死させたかなど、保険料収入によって得られた情報を顧客に公開すべきだと思う。単に料率クラスなどから推定しろというのではいかにも足りない。

●環境性能の高いクルマの導入

　環境性能の高いクルマでなくては今後生き残りがむずかしくなっていくが、その方向性に違いが見られる。日本やアメリカではハイブリッド車が高く評価されており、ヨーロッパではディーゼル車が評価されるという図式になっている。それでも最近は、日本でも日産やホンダが新しくディーゼルエンジン車の発売を表明しており、ヨーロッパでもハイブリッド車の研究開発が進められるなど、両方が接近する方向にあるのも確かだ。

　メルセデス・ベンツを始めとするヨーロッパの自動車メーカー各社は、ディーゼル車の開発に力を入れており、ほとんどの車種でディーゼル車をラインナップしている。ヨーロッパではフランスなどで50%を大きく超える比率でディーゼル車が売れているほか、ドイツでも高い比率で売れており、メルセデス・ベンツもタクシーに使われるEクラスでディーゼル車の比率が高いため、ディーゼル車の比率が半分近くに達するという。

　メルセデス・ベンツに限らずヨーロッパでディーゼル車が高く評価されているのは、基本的な熱効率がガソリン車よりも高く、CO_2の発生量が少ない点にある。当然

夜間の視界を確保するナイトビューアシスト。

ながら効率が高い分だけ燃費も良く、燃料経済性の高さが評価されることも大きい。

　メルセデス・ベンツは環境対策としてだけでなく、経済性・実用性という面で伝統的にディーゼル車の開発に力を入れている。

　日本の自動車メーカーはヨーロッパではディーゼル車をラインナップして販売に力を入れているが、国内ではまだディーゼル乗用車を販売している例はないにもかかわらず、メルセデス・ベンツだけが2006年から日本でディーゼルエンジンを搭載したEクラスを販売している。このE320CDIエンジンも最新の規制をクリアしたものではなく、輸入車だけに許された猶予期間を突いての販売なので必ずしも本物とはいえないのだが、ディーゼルの環境性能に対するメルセデス・ベンツの自信を示したものといえる。

　将来的には、ガソリン車もディーゼル車も同じ基準によって環境性能が評価されることになると思うが、それに至るまではもちろん

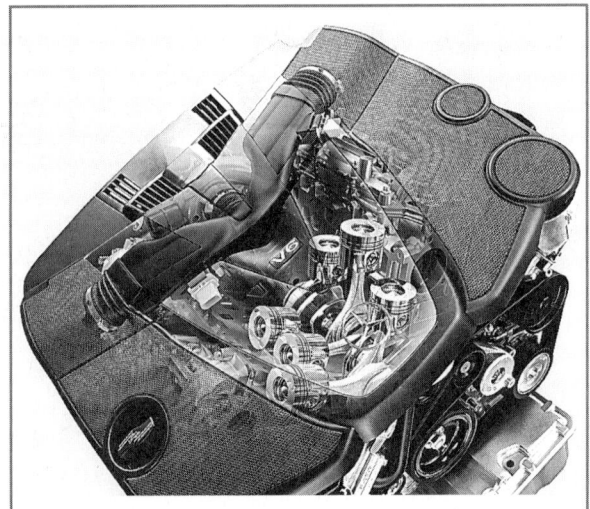

Eクラスなどに採用されている3リッターV型6気筒CDIエンジン。コモンレールシステム、ピエゾインジェクター採用の新世代ディーゼルエンジンで、電子制御可変ターボ装着。

のこと、その後もガソリン車とディーゼル車が競争して環境性能を高めていけば良いだろう。日本のように個人ユーザーが乗るクルマがガソリン車だけしかないというのはややいびつな状態だが、ディーゼル車だけになるという時代も来ないだろう。

また、2005年のフランクフルトショーではメルセデス・ベンツ自身も独自のハイブリッドシステム（クラウンのマイルドハイブリッドのようなタイプ）を発表、2007年には市販する方向を打ち出した。しかし、メルセデス・ベンツが必ずしもハイブリッドに全力投球しているとはいえないのは、環境対策としてハイブリッドだけが当面の模範答案であるとは考えていないからだろう。

たとえばプリウスの環境性能はドイツの環境団体などが高く評価するほど優れたものだが、標準車とハイブリッド車との価格差は燃費の差では取り戻せないくらいに大きいし、高速走行を続けると燃費性能の優位性は小さくなる。これでは、ハイブリッドが現実的な環境対策にならないと考えているためだろう。

メルセデス・ベンツとしては、ディーゼルエンジンとハイブリッドシステムを組み合わせるなどして、より低コストで優れた環境性能を発揮できるシステムの開発を進めている。

第1章 憧れのベンツとはどんなクルマか

23

●モデルチェンジサイクルの長いメルセデス・ベンツ

クルマはモデルチェンジをすると売れ行きが良くなるのが普通だ。デザインが新しくなり、性能も向上したクルマなら、ユーザーも納得して買うし、セールスマンも勧めやすい。

かつて、アメリカではイヤーモデルといって毎年秋になると新しく装いを凝らした翌年モデルを発売するのが一般的だった。翌年モデルへの切り替えは、年によってフルモデルチェンジだったり、マイナーチェンジだったり、それにも至らない小改良だったりしたが、取り敢えず何かを新しくすることで売れ行きを伸ばすという手法をとってきた。

日本ではそれほどではないが、かつて乗用車の車検期間が2年だった時代があり、それに合わせたフルモデルチェンジやマイナーチェンジが行われてきた。新車を発売して2年後には外観を手直しするマイナーチェンジを行い、4年目にはフルモデルチェンジするといったパターンだ。当時は、日本の自動車メーカーも国内市場を中心に販売していたので、日本のユーザーが車検を機会に代替するのに合わせたモデルチェンジを行ってきた経緯がある。

それに比べるとメルセデス・ベンツに限らずヨーロッパ車は伝統的にモデルチェンジのサイクルが長かった。ひとつの車種を何度かマイナーチェンジを重ねながら熟成していくのがヨーロッパの自動車メーカーのクルマづく

長いサイクルでチェンジしてきたCクラス。上は1982年に登場した190。2番目が最初のCクラスで下段が現行Cクラス。

りのあり方だった。そのため、ヨーロッパでは日本の4年より長い6〜8年程度でフルモデルチェンジをするのが一般的だった。

ヨーロッパの自動車メーカーも最近ではややモデルサイクルを短縮する傾向にあると言われていたが、2007年6月にフルモデルチェンジしたメルセデス・ベンツCクラスはほぼ7年振りのフルモデルチェンジであり、サイクルは相当に長い。

最近は日本の自動車メー

ドイツにあるメルセデス・ベンツの車両開発部門の一部。

カーも、開発のための投資が追いつかないこともあって、モデルチェンジのサイクルを長くする傾向にあり、クラウンやカローラの最新モデルでは6年の間隔を空けてフルモデルチェンジしているので、ヨーロッパ的な方向に向かいつつある。

メルセデス・ベンツなどヨーロッパの自動車メーカーは、ひとつのモデルを熟成させるのと同時に、新しいモデルの開発作業を入念に行っていることが、モデルサイクルを長くすることにつながっている。

1台のクルマを開発するために必要な工程はどんどん増える傾向にあり、日本の自動車メーカーも、時間をかけて熟成していく開発をせざるを得なくなっているのが実情だ。

●メルセデス・ベンツの価格と価値

メルセデス・ベンツの価格は高い。アメリカでの価格に比べると日本での価格は特に高かったりするが、それはおくとしても日本車の価格に比べるとメルセデス・ベンツは明らかに高い。同じ排気量やボディサイズのクルマと比較したら、100万〜200万円くらい高いのが当たり前だったりする。

価格の高さが、ユーザーにとってはメルセデス・ベンツのひとつの欠点であるのは間違いない。クルマづくりそのものでは妥協していないが、そのために価格が高くなってしまうことには妥協しているのがメルセデス・ベンツともいえる。結果とし

ミディアムクラスからEクラスのサイクルも長い。上段は1994年登場の最初のEクラス（W124）。それまでミディアムクラスと呼ばれていた。

て、メルセデス・ベンツが誰にでも乗れる価格のクルマになっていないのは、とても残念なことである。

　そうはいっても、並みの日本車とは完全に一線を画したクルマづくりがなされているメルセデス・ベンツには、価格に見合った価値がある。すでに何度も書いている操縦安定性や安全性・耐久性の高さなどが、並みの日本車がおよびもつかない水準にあることを考えると、メルセデス・ベンツの表面的な価格の高さが、本当に割高とは思えなくなる。

　とりわけ距離を走るユーザーなら、10万km程度でヤレてしまう日本車と、20万kmを平気で走り抜けるメルセデス・ベンツとの違いは明らかであり、そうなると、むしろ割安に感じられることだってある。たいした距離を走ることなく短期間で代替を繰り返すユーザーには、メルセデス・ベンツの本当の価値を感じることができないかも知れないが、いいクルマを選んで長く乗るというタイプのユーザーには、メルセデス・ベンツは極めて高い価値を持つクルマだということができるだろう。

　クルマづくりでは妥協しないが、車両価格としては妥協してきたメルセデス・ベンツも、最近ではむやみに高いクルマをつくり続けることができなくなってきている。結果として、価格を抑えるために妥協する部分が多くなったのでは、と指摘されるようになった。

　それが最も強く言われたのは、ミディアムクラスのメルセデス・ベンツがW124型から丸型ヘッドライトのW210型にフルモデルチェンジしたときだった。どっしりした安定感や剛性感のあったW124型に比べると、W210型はやや剛性感に欠ける印象があったのは否めない。

　でも、実際に5年間乗ったW124型からW210型に乗り換え、W210型に7年間で21万km

ほど走った経験からいえば、高い耐久性を持つEクラスがコスト重視でヤワなクルマになったとは思わなかった。

強いて言えば、このモデルあたりからメルセデス・ベンツはコンパチビリティ(共生)を言うようになった。クルマ対クルマの事故のときに、Eクラスの乗員が生き残ることだけでなく、より小さなサイズの相手のクルマの乗員も生き残れるようなクルマづくりをすることがコンパチビリティの意味だが、そのためにEクラスのフロントセクションはより高い衝撃吸収性能を持つようにつくられた。

ドライバーがアクセルペダルを放すと急ブレーキの前兆と判断してディスクとパッドの間隔を狭めて素早く制動できるようにしたアダプティブブレーキを採用する。

これがEクラスがヤワになったという指摘につながったと思われる部分があるが、それはむしろクルマの安全性の向上として高く評価すべきものだと思う。

もうひとつ、最新のSクラスでは従来のモデルで採用していたセンソトロニックブレーキというブレーキ・バイ・ワイヤーをやめて、通常のブレーキに戻している。スイスで行われた国際試乗会での質疑応答でも当然その点が質問されたが、そのときの回答は「より安いコストで同等の性能が得られる」というものだった。

これなどもメルセデス・ベンツがコスト重視の方向に進んでいるとの指摘につながるものだが、センソトロニックブレーキについては世界的に大きなリコールをせざるを得なくなった経緯があり、そのこともSクラスでの採用の中止につながったものと思う。

●BMWやアウディとは何が違うのか

メルセデス・ベンツと並び称されるブランドにBMWがある。最近では、さらにアウディも新しい選択肢として急速に浮上してきた。同じドイツの高級車ブランドであるメルセデス・ベンツとBMWとアウディにはどのような違いがあるのだろうか。

メルセデス・ベンツの特徴は徹底した安定性の高さである。高いシャシー性能に基づく操縦安定性の高さはBMWやアウディと比べてもとび抜けた水準にある。また、乗り心地や快適性の高さなどもメルセデス・ベンツならではのポイントである。

これに対して、BMWの特徴は軽快なフットワークにある。徹底して前後均等の重量配分にこだわったクルマづくりを続けることや、ドライバーオリエンテッドのデザイン処理が施されたコクピット感覚の運転席など、いずれも運転を楽しむクルマであ

ることを示している。アクティブステアのようなスポーティなシステムを積極的に採用することなども含めて、BMWが走りを楽しむことを重視したクルマであるのは間違いない。

　運転席回りの雰囲気についていえば、メルセデス・ベンツが乗り込んだ瞬間に目に入る大きなステアリングホイールを見た瞬間に、スポーティな走りを楽しむクルマではないことを認識させるのに対し、BMWは乗り込んだ瞬間にスポーティさを感じさせる。

　メルセデス・ベンツやBMWとは異なる第三の選択肢として注目されているのがアウディだ。ドイツを始めとするヨーロッパでも順調な伸びを示しているし、日本でもVW系の販売店と明確に分けた新チャンネルを確立することによって、順調な伸びを続けており、成功したブランドになりつつある。

　クルマづくりに関していえば、アウディの特徴はフルタイム4WDシステムのクワトロにある。特に高級車のA8などになると、アウディが基本とするFF方式では高級車らしい走りを示すことができないため、全車にクワトロシステムを採用している。A8以外の多くのモデルでも最上級グレードを中心にクワトロを設定し、そのことで特徴を出しているのがアウディだ。

　4WDには高速時や滑りやすい路面でのスタビリティの高さなど、いろいろなメリットがあるが、同時に燃費や室内スペースなどの点でデメリットもある。そのあたりのバランスをどう考えるかもアウディに対する評価のポイントになるだろう。

　また、インテリアまわりの仕様にお金をかけることで、見た目の良さや手触りの良さなどによって、上質さなどを表現することに成功したのがアウディだった。ほかのメーカーの多くがインテリアデザインにあたってアウディをベンチマークにしたというのもうなずけるような部分があった。

　このように三者三様ともいえるメルセデス・ベンツとBMWとアウディだが、最新のメルセデス・ベンツCクラスではアジリティ(敏捷性、俊敏性)という言葉によって、メルセデス・ベンツもスポーティさを主張するようになってきた。もちろん操縦安定性や快適性の高さなど、メルセデス・ベンツが本来的に持つ価値はそのままに、新たな魅力としてアジリティという価値を追加してきたのだが、これが世界中のユーザーからどのように評価されるかは大いに注目されるところである。

第2章　車種ガイド

　現在、メルセデス・ベンツの車種は17車種にも及んでいる。かつては乗用車タイプが中心で、それにワゴンやクーペが加わる程度のラインナップであったが、現在はアメリカ市場をターゲットにしたSUVまであるから、車種はきわめて豊富である。それらは、ヤナセ自動車とシュテルンの各販売店を正規ディーラーとして全国に展開している。
　これらのほかにスマート、マイバッハ、マクラーレンSLRロードスターに関しては別扱いになっているが、それらに関しても紹介した。
　メルセデス・ベンツとしては、Aクラスから始まってBクラス、Cクラスと続くが、ここでは主力車種であるEクラスから始めるという順序をとっており、必ずしも排気量やサイズの大きさなどの順番になっていない。
　各車種は、2007年10月現在の仕様を中心に記述しているが、スマートに関してはその時点でモデルチェンジが実施されて2代目が2008年当初から販売されるので、新しいモデルの記述になっている。
　なお、各車種のところに掲載しているメーカー希望価格に関しては、5パーセントの消費税込みのものになっており、付属品価格、税金（消費税を除く）、保険料、登録に伴う諸費用を含まない車両本体価格である。また、「自動車リサイクル法」に基づくリサイクル料金は別途必要になる。

■Eクラス

●プロフィール

　メルセデス・ベンツのラインナップの中で中核を成すのがEクラス。日本ではCクラス以上によく売れるモデルであり、文字通りメルセデス・ベンツを代表するクルマだ。

　日本では2002年6月にデビューしたモデルなので、今やモデルサイクルの後半の時期にあるが、メルセデス・ベンツの場合は特にモデル末期であることがネガティブな要素にならない。むしろ、それだけ熟成の進んだモデルとして評価されるクルマになる。

　ひと世代前のW210型のEクラスが丸型4灯式のツインヘッドライトを採用して登場したときには、大きな驚きをもって迎えられたが、現行Eクラスでは、そのツインヘッドライトを受け継ぎながらランプ部分の傾斜を強めることで、ダイナミックな性格を強調するものになった。

　2006年からディーゼル車をラインナップしたのも大きな特徴だ。ヨーロッパでディーゼルは環境性能の高さや優れた動力性能によるスポーティな走りで高く評価されている。これに対して、日本ではディーゼルに対するネガティブなイメージが強く、日本の自動車メーカーは一部のSUVを除き、ディーゼルエンジンを搭載した乗用車の販売を止めている状態だ。

　そんな日本の自動車市場にあえてディーゼルエンジンの搭載車を投入したのは、メルセデス・ベンツのディーゼルに対する自信の表れといってもよい。現実には外国車に対する規制が緩い部分を利用しての導入でもあったのだが、あえて投入された

日本で最もよく売れているメルセデス・ベンツがEクラス。

第2章 車種ガイド（Eクラス）

高いクォリティを備えラグジュアリーさにあふれた快適なインテリア空間。

　ディーゼル車は、すでに一定の評価を得ている。そのディーゼル車導入の口火を切ったのがEクラスのディーゼル車だった。
　日本でもディーゼル車のラインナップを増やしていくことを表明しているので、今後はCクラスやSクラスにも搭載されることになると思われる。またメルセデス・ベンツの成功を見て、ほかの欧州のメーカーもディーゼル車を投入する可能性が出てきた。この面でもメルセデス・ベンツはリーダーの役目を果たしている。

●試乗インプレッション

　ドイツ本国ではEクラスがタクシーに使われることも多いため、販売されるEクラスのうち70％くらいがディーゼル車だという。そのディーゼルは、当然ながら最新のコモンレール方式の直噴ディーゼル＋インタークーラー付きターボで、E320CDIに搭載

前席はもちろん後席にもゆったりした居住空間が確保されている。

31

高張力鋼板を効果的に配置したEクラスの高剛性ボディ。

素直なハンドリングを実現するFRの基本プラットホーム。

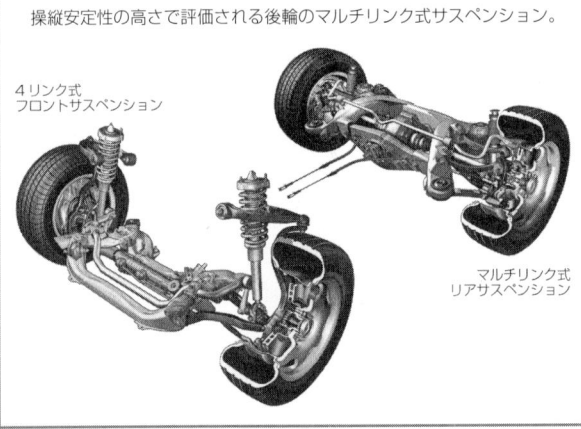

操縦安定性の高さで評価される後輪のマルチリンク式サスペンション。

4リンク式
フロントサスペンション

マルチリンク式
リアサスペンション

されている。

そのスペックが凄い。V型6気筒3.0リッターのディーゼルターボが155kW/4000rpm、540N・m/1600〜2400rpmのパワー＆トルクを発生する。155kWといえば200psを超えるパワーだから、ガソリンの3.0リッターエンジン並みの実力だ。540N・mのトルクに至ってはV型8気筒の5.5リッターエンジン並みの数値である。

このエンジンを搭載したE320CDIの走りが悪いわけがない。アクセルを踏み込んで走り出す瞬間こそ、一瞬のラグを感じるところがあるが、走り出してしまえばガソリンかディーゼルか分からないというか、強大なトルクによって低回転域からぐいぐい進んでいくような走りを見せる。わずか1600回転で最大トルクに達するので、低回転域での走りが特に優れている印象だ。

高速走行を試しても、タコメーターを見たときに、エンジン回転数の低さでディーゼルであるこ

とを思い出す程度で、追い越しなどを想定した区間加速も実にスムーズで速く走れる。

　ディーゼルというと振動や騒音の大きさが気になるところだが、走行中の室内では全くそれを感じることはできない。アイドリング時に車外にいるとやや高めのエンジン音を感じるが、室内にいるとガソリン車と同じ静かさがある。高速走行中などは、ガソリン車より回転数が低い分だけ静粛性の面で有利になる。

　ガソリン車はV型6気筒の3.0リッターと3.5リッター、それにV型8気筒の5.5リッターが搭載されている。EクラスにベストマッチといえるのはV型6気筒の3.5リッターだろう。200kWに達する余裕のパワーにより、Eクラスにふさわしいダイナミックな走りのフィールを味わうことができるからだ。3.5リッターエンジンと7速ATとの組み合わせは、メルセデス・ベンツの走りを代表するものと言って良い。

　ただ、3.0リッターエンジンにも捨てがたい魅力がある。3.5リッターより後から登場してきたエンジンで、やはりDOHC化されている。170kW／300N・mのパワー＆トルクは、Eクラスのボディに対しても不足のない実力を感じる。3.5リッターも同様だが、広いトルクバンドを持つことと7速ATとの組み合わせによって、滑らかで力強い走りを実現する。

●購入アドバイス

　Eクラスを買うときに、距離を走るユーザーならディーゼル車がお勧めだ。実際に乗ってみないことには最新のディーゼルエンジンの良さが分からないだろうから、

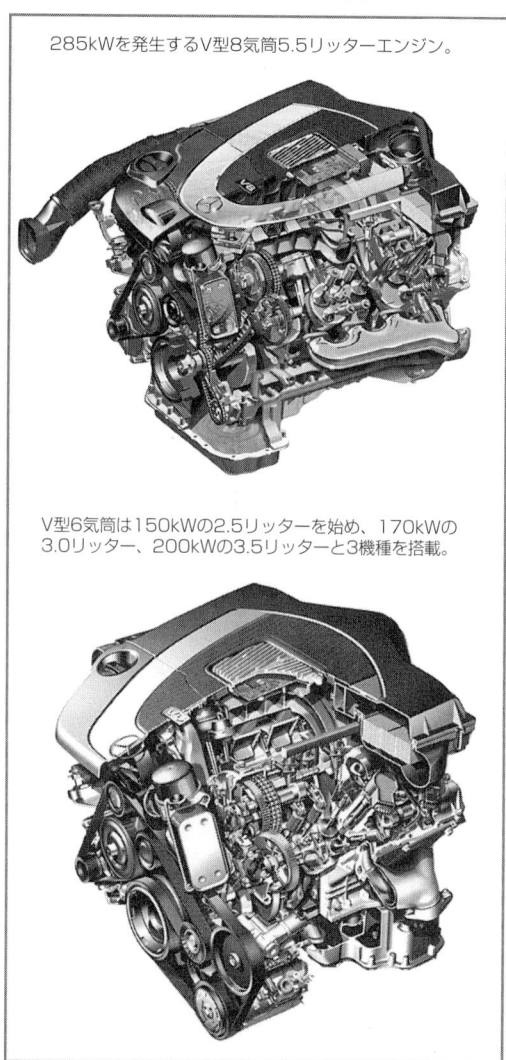

285kWを発生するV型8気筒5.5リッターエンジン。

V型6気筒は150kWの2.5リッターを始め、170kWの3.0リッター、200kWの3.5リッターと3機種を搭載。

購入前に試乗した上で決めたら良いが、ディーゼル車に対するイメージが大きく変わるのは間違いない。

最新のディーゼル車はコモンレールやインタークーラー付きターボの装着によって価格は高めになるが、それでも距離を走るユーザーだと燃料代で元が取れるような価格が設定されている。クルマの使い方によって損得勘定が変わるので、じっくり検討すると良い。

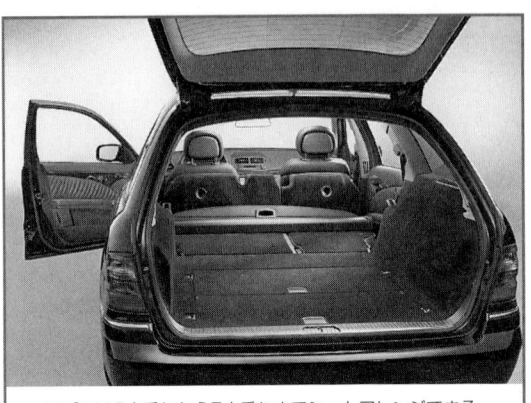

ワゴンは2人乗りから5人乗りまでシートアレンジできる。

プレミアムガソリンと軽油との価格差がリッター当たり30円とすると、E350アバンギャルドとの22万円の価格差は何年か乗るうちに取り戻せるからだ。

ただ、距離を走らないユーザーなら、あえてディーゼルを選ぶこともない。より手頃な価格でEクラスの醍醐味が味わえるE300アバンギャルドを選べば良いと思う。

2007年8月にはEクラスのエントリーモデルとしてE250が追加された。V型6気筒2.5リッターエンジンを搭載し、7Gトロニックと組み合わされるモデルで、ウッドパネルや本革巻きステアリングホイールなどが標準。Eクラスのほかのモデルと同様、先進の安全コンセプトであるプロセーフを採用し、プレセーフやアダプティブブレーキなどによって高いアクティブセーフティを実現しつつ、手頃な価格を設定している。

Eクラスセダン価格表

モデル名（ステアリング）	メーカー希望小売価格
E 250（右）	¥6,400,000
E 300（右）	¥6,720,000
E 300 アバンギャルドS（右）	¥7,530,000
E 320 CDI アバンギャルド（右）	¥8,480,000
E 350 アバンギャルド（左/右）	¥8,260,000
E 350 4MATIC アバンギャルド（左）	¥8,700,000
E 350 アバンギャルドS（左/右）	¥8,760,000
E 550 アバンギャルドS（左/右）	¥10,460,000
E 63 AMG（左/右）	¥14,200,000
E 250 デビューパッケージ（右）	¥6,520,000

Eクラスワゴン価格表

モデル名（ステアリング）	メーカー希望小売価格
E 250 ステーションワゴン（右）	¥6,960,000
E 300 ステーションワゴン（右）	¥7,230,000
E 320 CDI ステーションワゴン アバンギャルド（右）	¥8,860,000
E 350 ステーションワゴン アバンギャルド（右）	¥8,640,000
E 350 4MATIC ステーションワゴン アバンギャルド（左）	¥9,080,000
E 350 ステーションワゴン アバンギャルドS（右）	¥9,140,000
E 550 ステーションワゴン アバンギャルドS（左）	¥10,740,000
E 63 AMG ステーションワゴン（左）	¥14,600,000

第2章 車種ガイド(Eクラス)

Eクラスセダン諸元表

		E 250	E 300	E 300 アバンギャルドS	E 320 CDI アバンギャルド
全長	mm	4,850	4,850	4,880	4,850
全幅	mm	1,820	1,820	1,820	1,820
全高	mm	1,485	1,485	1,465	1,465
ホイールベース	mm	2,855	2,855	2,855	2,855
トレッド 前/後	mm	1,575/1,570	1,560/1,550	1,565/1,560	1,565/1,560
最低地上高	mm	155	155	140	140
トランクスペース(VDA方式)	リッター	505	505	505	505
車両重量	kg	1,660	1,680	1,700	1,770
乗車定員	名	5	5	5	5
最小回転半径	m	5.3	5.3	5.3	5.3
10・15モード燃費	km/リッター	9.0	9.1	9.1	—
エンジン型式		272M25	272M30	272M30	642
種類・シリンダー数		DOHC V型6気筒	DOHC V型6気筒	DOHC V型6気筒	DOHC V型6気筒 インタークーラーターボチャージャー付
総排気量	cc	2,496	2,996	2,996	2,986
ボア×ストローク	mm	88.0×68.4	88.0×82.1	88.0×82.1	83.0×92.0
圧縮比		11.4	11.3	11.3	17.7
最高出力(EEC)	kW(ps)/rpm	150(204)/6,100	170(231)/6,000	170(231)/6,000	155(211)/4,000
最大トルク(EEC)	Nm(kg·m)/rpm	245(25.0)/2,900〜5,500	300(30.6)/2,500〜5,000	300(30.6)/2,500〜5,000	540(55.1)/1,600〜2,400
使用燃料・燃料タンク容量	リッター	無鉛プレミアム・80	無鉛プレミアム・80	無鉛プレミアム・80	軽油・80
ステアリング		右	右	右	右
トランスミッション		電子制御7速A/T	電子制御7速A/T	電子制御7速A/T	電子制御7速A/T
ブレーキ	(前)	ベンチレーテッドディスク	ベンチレーテッドディスク	ベンチレーテッドディスク	ベンチレーテッドディスク
	(後)	ソリッドディスク	ソリッドディスク	ベンチレーテッドディスク	ベンチレーテッドディスク
タイヤサイズ	(前)	205/60R16	225/55R16	245/40R18	245/45R17
	(後)	205/60R16	225/55R16	265/35R18	245/45R17

		E 350 4MATIC アバンギャルド	E 350 アバンギャルドS	E 550 アバンギャルドS	E 63 AMG
全長	mm	4,850	4,880	4,880	4,880
全幅	mm	1,820	1,820	1,820	1,820
全高	mm	1,500	1,465	1,465	1,465
ホイールベース	mm	2,855	2,855	2,855	2,855
トレッド 前/後	mm	1,565/1,560	1,565/1,560	1,565/1,560	1,565/1,560
最低地上高	mm	165	140	140	140
トランクスペース(VDA方式)	リッター	505	505	495	500
車両重量	kg	1,780	1,710	1,820	1,920
乗車定員	名	5	5	5	5
最小回転半径	m	5.3	5.3	5.3	5.3
10・15モード燃費	km/リッター	8.5	8.6	7.4	5.5
エンジン型式		272	272	273	156
種類・シリンダー数		DOHC V型6気筒	DOHC V型6気筒	DOHC V型8気筒	DOHC V型8気筒
総排気量	cc	3,497	3,497	5,461	6,208
ボア×ストローク	mm	92.9×86.0	92.9×86.0	98.0×90.5	102.2×94.6
圧縮比		10.7	10.7	10.5	11.3
最高出力(EEC)	kW(ps)/rpm	200(272)/6,000	200(272)/6,000	285(387)/6,000	378(514)/6,800
最大トルク(EEC)	Nm(kg·m)/rpm	350(35.7)/2,400〜5,000	350(35.7)/2,400〜5,000	530(54.0)/2,800〜4,800	630(64.2)/5,200
使用燃料・燃料タンク容量	リッター	無鉛プレミアム・80	無鉛プレミアム・80	無鉛プレミアム・80	無鉛プレミアム・80
ステアリング		左	右/左	右/左	右/左
トランスミッション		電子制御5速A/T	電子制御7速A/T	電子制御7速A/T	電子制御7速A/T
ブレーキ	(前)	ベンチレーテッドディスク	ベンチレーテッドディスク	ベンチレーテッドディスク	ベンチレーテッドディスク
	(後)	ベンチレーテッドディスク	ベンチレーテッドディスク	ベンチレーテッドディスク	ベンチレーテッドディスク
タイヤサイズ	(前)	245/45R17	245/40R18	245/40R18	245/40R18
	(後)	245/45R17	265/35R18	265/35R18	265/35R18

Eクラスワゴン諸元表

			E 250 ステーションワゴン	E 300 ステーションワゴン	E 320 CDI ステーションワゴン アバンギャルド	E 350 4MATIC ステーションワゴン アバンギャルド
全長		mm	4,885	4,885	4,885	4,885
全幅		mm	1,820	1,820	1,820	1,820
全高		mm	1,505	1,505	1,500	1,510
ホイールベース		mm	2,855	2,855	2,855	2,855
トレッド 前/後		mm	1,560/1,550	1,560/1,550	1,565/1,560	1,565/1,560
最低地上高		mm	155	155	140	165
ラゲッジルーム容量(VDA方式)		リッター	635〜1,895	635〜1,895	635〜1,895	635〜1,895
車両重量		kg	1,820	1,820	1,890	1,920
乗車定員		名	5	5	5	5
最小回転半径		m	5.3	5.3	5.3	5.3
10・15モード燃費		km/リッター	9.0	9.1	−	8.5
エンジン型式			272M25	272M30	642	272
種類・シリンダー数			DOHC V型6気筒	DOHC V型6気筒	DOHC V型6気筒 インタークーラー式ターボチャージャー付	DOHC V型6気筒
総排気量		cc	2,496	2,996	2,986	3,497
ボア×ストローク		mm	88.0×68.4	88.0×82.1	83.0×92.0	92.9×86.0
圧縮比			11.4	11.3	17.7	10.7
最高出力 (EEC)		kW(ps)/rpm	150(204)/6,100	170(231)/6,000	155(211)/4,000	200(272)/6,000
最大トルク (EEC)		Nm(kg・m)/rpm	245(25.0)/2,900〜5,500	300(30.6)/2,500〜5,000	540(55.1)/1,600〜2,400	350(35.7)/2,400〜5,000
使用燃料・燃料タンク容量		リッター	無鉛プレミアム・80	無鉛プレミアム・80	軽油・80	無鉛プレミアム・80
ステアリング			右	右	右	右
トランスミッション			電子制御7速A/T	電子制御7速A/T	電子制御7速A/T	電子制御5速A/T
ブレーキ	(前)		ベンチレーテッドディスク	ベンチレーテッドディスク	ベンチレーテッドディスク	ベンチレーテッドディスク
	(後)		ベンチレーテッドディスク	ベンチレーテッドディスク	ベンチレーテッドディスク	ベンチレーテッドディスク
タイヤサイズ	(前)		225/55R16	225/55R16	245/45R17	245/45R17
	(後)		225/55R16	225/55R16	245/45R17	245/45R17

			E 350 ステーションワゴン アバンギャルドS	E 550 ステーションワゴン アバンギャルドS	E 63 AMG ステーションワゴン
全長		mm	4,920	4,920	4,920
全幅		mm	1,820	1,820	1,820
全高		mm	1,500	1,500	1,500
ホイールベース		mm	2,855	2,855	2,855
トレッド 前/後		mm	1,565/1,560	1,565/1,560	1,565/1,560
最低地上高		mm	140	140	140
ラゲッジルーム容量(VDA方式)		リッター	635〜1,895	615〜1,875	655〜1,915
車両重量		kg	1,850	1,910	1,950
乗車定員		名	5	5	5
最小回転半径		m	5.3	5.3	5.3
10・15モード燃費		km/リッター	8.5	7.4	5.5
エンジン型式			272	273	156
種類・シリンダー数			DOHC V型6気筒	DOHC V型8気筒	DOHC V型8気筒
総排気量		cc	3,497	5,461	6,208
ボア×ストローク		mm	92.9×86.0	98.0×90.5	102.2×94.6
圧縮比			10.7	10.5	11.3
最高出力 (EEC)		kW(ps)/rpm	200(272)/6,000	285(387)/6,000	378(514)/6,800
最大トルク (EEC)		Nm(kg・m)/rpm	350(35.7)/2,400〜5,000	530(54.0)/2,800〜4,800	630(64.2)/5,200
使用燃料・燃料タンク容量		リッター	無鉛プレミアム・80	無鉛プレミアム・80	無鉛プレミアム・80
ステアリング			右	左	左
トランスミッション			電子制御7速A/T	電子制御7速A/T	電子制御7速A/T
ブレーキ	(前)		ベンチレーテッドディスク	ベンチレーテッドディスク	ベンチレーテッドディスク
	(後)		ベンチレーテッドディスク	ベンチレーテッドディスク	ベンチレーテッドディスク
タイヤサイズ	(前)		245/40R18	245/40R18	245/40R18
	(後)		265/35R18	265/35R18	265/35R18

■CLSクラス

●プロフィール

　Eクラスの基本メカニズムをベースに、スタイリッシュな外観デザインをまとった4ドア車に仕上げたのがCLS。ドア数こそ4枚だが、外観デザインはクーペそのもので、見るからに美しいセダンに仕上げている。最初に写真が公開されたときには、思わず飛びつきたくなるようなカッコ良さを感じた。

　フロントバンパーからフェンダー、Aピラー、ルーフ、Cピラー、リアフェンダーへと流れるようなラインが描かれた外観デザインは、見る者をハッとさせるような息をのむ美しさがある。実際に近づいてみると相当に大きなボディなのだが、それが引き締まって見えるのはデザインによるものだろう。

　メルセデス・ベンツは、基本的な機能を重視したクルマづくりをすることが多いが、これは機能よりもデザインを優先させたクルマである。日本にもその昔、カリーナEDというクーペのようにスタイリッシュに仕上げた4ドア車があったが、それを思い出させるようなクルマだ。

　インテリア回りを見ても、メルセデス・ベンツの高級車らしくウッドや本革などの自然素材がふんだんに使われており、ラグジュアリーな雰囲気が演出されている。高級感とスポーティさとがうまく表現されたインテリアだ。高級車であるだけにDVDナビなども含めて豪華な快適装備が用意されているが、中でも注目されるのはCLS500以上に採用されるハーマンカードンのオーディオシステム。12スピーカーの最高級オーディオだ。

　でも、このクルマはどうひいき目に見てもメルセデス・ベンツらしからぬクルマである。これだけ傾斜したAピラーはフロント回りの視界を悪くしているし、当然ながら乗

伸び伸びした感じのスタイリッシュなデザインがCLSクラスの特徴。

降性だって良くない。後席への乗り降りも開口部が小さくて乗り降りしにくい上、Eクラスよりひと回り大きなボディながら4人しか乗れないのだ。

　日本では発売当初から極めて好調な売れ行きを示したが、これは機能性を無視してデザイン的なカッコ良さに飛びついたユーザーが多かったことを示している。この点でも1980年代にヒットしたカリーナEDと同じところがあった。

●試乗インプレッション

運転席は包まれ感のあるタイトな雰囲気。

　ちょっと窮屈に体をかがめるようにして運転席に乗り込むと、室内もややタイトな感じの空間が演出されている。メーターパネルや各種操作系の配置などはメルセデス・ベンツの文法にしたがったもので、操作性には問題はないが、Aピラーからくる圧迫感や大きめのボディのため、狭い場所から動き出すときにはまず神経を使わされる。

　走りに関しては、基本的にEクラスと変わらないフィールだ。搭載エンジンはV型6気筒の3.5リッターとV型8気筒の5.5リッター（ほかにAMG仕様の6.3リッターもある）で、Eクラスに搭載されているのと同じもの。

　ボディがやや大きくなった分だけCLS350では車両重量がやや重くなっているが、走りへの影響は感じられない。3.5リッターエンジンと7速ATを組み合わせたCLS350で十分に良く走る。アクセルを強く踏み込めば豪快な加速フィールを味わうことができるし、市街地などでは静かで滑らかな走りが可能だ。7速ATが段数が多いわりに余分な変速をすることがなく、使っているギアの段数を意識させないことなども長所として挙げられる。

ワイド&ローのリアビュー。

　CLS350にはメカサスが、CLS550にはAIRマティックDCサスペンションが標準で用意される。基本のメカサスが高い操縦安定性を備えており、エアサス仕様では乗り心地の良さ

第2章 車種ガイド(CLSクラス)

も特筆されるところとなる。エアサスの制御も初期のEクラスに採用されたものに比べると、制御がどんどん高度化しているようだ。

●購入アドバイス

スタイリッシュな外観を持つCLSには一定の魅力があるのは認めるが、メルセデス・ベンツのラインナップの中ではお勧め度の低いクルマといわざるを得ない。高価格で極めて実用性に乏しいクルマであることを考えると、一体だれが乗るのかという気持ちにさせられてしまう。もしCLSを買うならインテリア回りのラグジュアリー度の高いCLS550が良いと思うが、そうなると価格は1000万円を超える。相当な金持ちのユーザーでないと選択の対象に入れられない。

電子制御式のAIRマティックDCサスペンション。

CLSクラス価格表

モデル名（ステアリング）	メーカー希望小売価格
CLS 350（左/右）	¥8,800,000
CLS 550（左/右）	¥10,500,000
CLS 63 AMG（左）	¥14,500,000

CLSクラス諸元表

		CLS 350	CLS 550	CLS 63 AMG	CLS 63 AMG パフォーマンスパッケージ
全長	mm	4,915	4,915	4,915	4,915
全幅	mm	1,875	1,875	1,875	1,875
全高	mm	1,430	1,415	1,415	1,415
ホイールベース	mm	2,855	2,855	2,855	2,855
トレッド 前/後	mm	1,595/1,605	1,595/1,605	1,600/1,585	1,590/1,585
最低地上高	mm	135	130	130	130
トランクスペース (VDA方式)	リッター	495	495	495	495
車両重量	kg	1,740	1,820	1,950	1,960
乗車定員	名	4	4	4	4
最小回転半径	m	5.3	5.3	5.3	5.3
10・15モード燃費	km/リッター	8.5	7.4	5.7	5.7
エンジン型式		272	273	156	156
種類・シリンダー数		DOHC V型6気筒	DOHC V型8気筒	DOHC V型8気筒	DOHC V型8気筒
総排気量	cc	3,497	5,461	6,208	6,208
ボア×ストローク	mm	92.9×86.0	98.0×90.5	102.2×94.6	102.2×94.6
圧縮比		10.7	10.5	11.3	11.3
最高出力 (EEC)	kW(ps)/rpm	200(272)/6,000	285(387)/6,000	378(514)/6,800	378(514)/6,800
最大トルク (EEC)	Nm(kg・m)/rpm	350(35.7)/2,400～5,000	530(54.0)/2,400～5,000	630(64.2)/5,200	630(64.2)/5,200
使用燃料・燃料タンク容量	リッター	無鉛プレミアム・80	無鉛プレミアム・80	無鉛プレミアム・80	無鉛プレミアム・80
ステアリング		左/右	左/右	左	左
トランスミッション		電子制御7速A/T	電子制御7速A/T	電子制御7速A/T	電子制御7速A/T
ブレーキ	(前)	ベンチレーテッドディスク	ベンチレーテッドディスク	ベンチレーテッドディスク	ベンチレーテッドディスク
	(後)	ベンチレーテッドディスク	ベンチレーテッドディスク	ベンチレーテッドディスク	ベンチレーテッドディスク
タイヤサイズ	(前)	245/40R18	245/40R18	255/35R19	255/35R19
	(後)	245/40R18	245/40R18	285/30R19	285/30R19

■Cクラス

●プロフィール

　メルセデス・ベンツの主力モデルとなるのがCクラス。日本ではより上級のEクラスのほうが多く売れるが、世界的に見るとCクラスのほうが多く売れている。Cクラスのルーツはアメリカの燃費規制などに対応するために開発されたコンパクトメルセデスの190E。その後、Cクラスとなって2世代のモデルがつくられ、2007年には4代目のモデルが登場した。いかにもメルセデス・ベンツらしいモデルである。

　外観デザインは、エレガンス系とアバンギャルド系とに分けられた。フロントグリルを中心にデザインの違いが設けられているほか、インテリアもシート表皮や木目パネルなどにも違いが設けられている。スポーティな志向のモデルがアバンギャルド系で、エレガンス系はラグジュアリーな志向のモデルとなる。

　今回のモデルでは、アジリティとコンフォートがテーマとされた。アジリティというのは聞き慣れない言葉だが、日本語にすると俊敏性を意味する言葉。メルセデス・ベンツの本来的な価値である安全性／快適性／耐久性／ステイタス性などを損なうことなく、ややスポーティな志向のモデルに仕上げたことを意味している。

　走行状況に応じて減衰特性が変化するセレクティブダンピングシステムと呼ぶ新開発のサスペンションや、パラメーターステアリングと呼ぶ車速感応式パワーステアリングを備えることで、俊敏性と快適性を両立するアジリティコントロールを実現した。

　Sクラスから採用が始まったプロセーフという総合的な安全思想はCクラスにも取り

フロントグリル内に大きなスリーポインテッドスターを配置したアバンギャルド。

第2章 車種ガイド(Cクラス)

アジリティコントロールによって軽快な走りを実現する。

入れられており、パフォーマンスセーフ、プレセーフ、パッシブセーフ、ポストセーフとあらゆる段階で高い安全性を確保した。実車による衝突実験は100回以上、コンピューターによる衝突シミュレーションに至っては5500回以上も繰り返されたというから、安全性に対する取り組みの姿勢は明確だ。

●試乗インプレッション

　Cクラスの試乗会はツインリンクもてぎのロードコースを使って行われた。Cクラスは前のモデルも、その前のモデルも鈴鹿サーキットで試乗会を開催しているし、メルセデス・ベンツはほかの車種でもサーキットで試乗会を開催した例がある。
　サーキットでの試乗は限られた条件の中での試乗となるので、一般道の試乗とは異なる面もあるが、それでも堂々とサーキットでの試乗会を開催できるのは大したも

フードの先端にスリーポインテッドスターを配置したエレガンスは伝統的なデザイン。

の。アクセルを全開に踏み込んだり、その状態からフルブレーキングしたりといった走り方をするサーキットでは、市販車ではブレーキが持たないのが普通だが、Cクラスはそれがしっかり持ったのがまず驚き。堂々とサーキットで試乗会をやるだけの自信のあるクルマなのだ。

CクラスではC200コンプレッサーとC300の2モデルに試乗した。余裕があるのは当然ながらC300のほうで、6気筒エンジンらしい滑らかな吹き上がりと排気量の余裕による力強さによってCクラスのボディを気持ち良く加速させていく。独特のチューニングによって2500回転から5000回転までの幅広い回転数で300N・mの太いトルクを発生するので、巡航の状態からでもアクセルを踏み込めば瞬時に加速する感じがある。

直列4気筒エンジンはコンプレッサー仕様で135kWのパワーを発生する。

V型6気筒3.0リッターエンジンは自然吸気で170kWのパワーだ。

7Gトロニックと呼ぶティップシフト付き7速ATの変速フィールも上々で、Dレンジのままで素直に走らせても滑らかな自動変速を見せるし、積極的にレバーを操作してマニュアル車感覚の走りを楽しむのも良い。

V型6気筒エンジンにはメルセデス・ベンツに幅広く採用される7Gトロニックを設定。

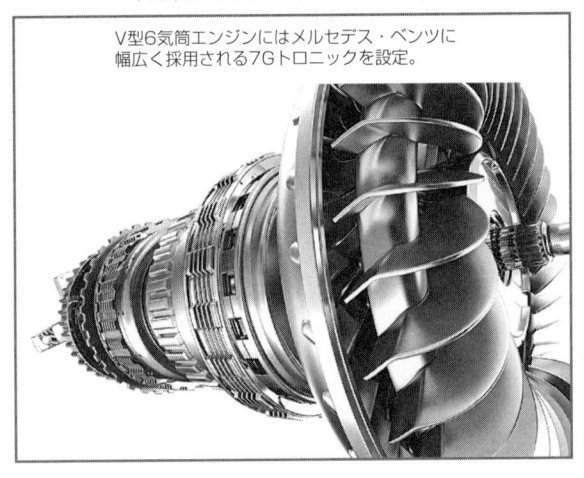

今回のCクラスが大きなテーマにしたアジリティが感じられるのは、積極的にレバーを操作して走ったとき。キビキビした走りをしっかり支える優れたシャシーが、Cクラスの新しい価値を明確に体現している。車速に応じて十分な手応えとダイレクト感のあるレスポンスを感じさせるステアリングと合わせ、相当

第2章 車種ガイド（Cクラス）

```
■ 軟鋼
■ 高張力鋼
■ 超高張力鋼
■ 極超高張力鋼（熱処理）
■ アルミニウム
■ プラスチック
```

部位ごとに最適の素材を配置した軽量かつ高剛性のボディ。

にスポーティなクルマになったと思う。

C200コンプレッサーは、直列4気筒1.8リッターエンジンにスーパーチャージャーを装着したもの。135kWのパワーと250N・mのトルクを発生する。パワーは馬力に換算すれば180psを超える実力だから、これで十分という印象を受けるのは当然のこと。ターボと違って低速域から段差のない加速フィールが得られるスーパーチャージャーの良さもある。

4気筒エンジンは5速ATとの組み合わせとなるが、7速でなくても5速のギアがあれば不満はない。ティップシフトによってレバーをわずかに左右に操作するだけでマニュアル車感覚の走りが得られるのは、7Gトロニックと同じだ。

新型Cクラスに乗って感じたのはアジリティだけでなく乗り心地がとても良いこと。路面が完全にフラットなサーキットでの試乗では、余計に乗り心地の良さが感じられる傾向にあるが、それを割り引いて考えてもコーナーで緩やかにロールしながら深い懐でしっかり受け止める感じの足回りは、いかにもメルセデス・ベンツらしいものだ。電子制御サスペンションや電子制御パワーステアリングを採用したアジリティコントロールは、それをほとんど意識させることのない自然なフィールの効き味を示すとともに、単にアジリティ（俊敏性）を備えるだけでなく、快適性との高次元の両立を目指したものであることがよく分かる。

ラグジュアリーさでは上級モデルに劣るが、メルセデス・ベンツの基本に即したインテリア。

バイパス

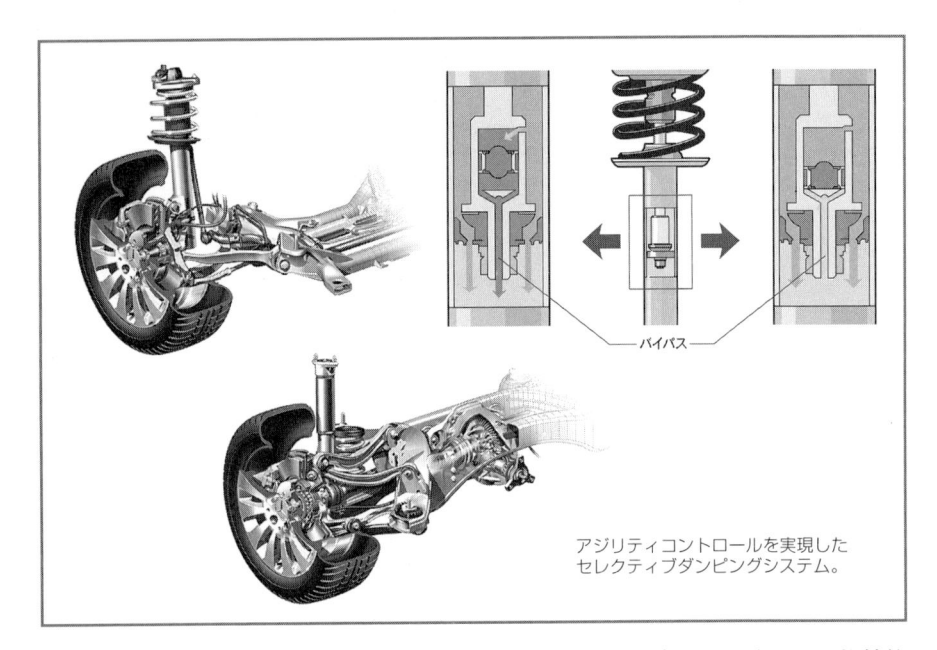

アジリティコントロールを実現した
セレクティブダンピングシステム。

　当然ながら、サーキットではESPがさまざまなコーナーで介入してくるが、比較的穏やかな介入の仕方でドライバーの邪魔をしない。ESPランプの点滅がなければESPが作動したかどうか分からないくらいのこともある。さらにいえば、ESPをオフにして走っても、高いシャシー性能によって簡単には破綻を見せないのが凄い。

アバンギャルドは17インチタイヤでよりスポーティな走り。

第2章 車種ガイド(Cクラス)

最上級グレードのC300アバンギャルドSはAMG仕様のパーツを装着。

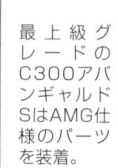

●購入アドバイス

　Cクラスは当初、C300アバンギャルドSとC200コンプレッサーのアバンギャルドとエレガンスの3グレードのみが発売された。C250のアバンギャルドとエレガンスは2007年秋になって追加発売された。

　価格はベースのC200コンプレッサーエレガンスが450万円からの設定で、アバンギャルドは10万円高の460万円。エレガンスとアバンギャルドは外観のほか微妙な違いがあるが、アバンギャルドにはキセノンヘッドライトが標準で装備されることを考えると、アバンギャルドのほうがむしろ割安。エレガンスにオプション装着すると14万7000円なのだから、これはもう当然アバンギャルドだ。

　C250の価格は、エレガンスで558万円とざっと100万円高くなる。C300アバンギャルドSはさらに100万円ほど高くなって664万円だ。C300になると、もはやEクラス並みの価格である。新型Cクラスでは素直にC200コンプレッサーアバンギャルドを選べば良いと思う。

くつろぎのエレガンス系の内装にも8個所のSRSエアバッグを用意。

Cクラスセダン価格表

モデル名（ステアリング）	メーカー希望小売価格
C 200 コンプレッサー エレガンス（右）	¥4,500,000
C 200 コンプレッサー アバンギャルド（右）	¥4,600,000
C 250 エレガンス（左/右）	¥5,580,000
C 250 アバンギャルド（左/右）	¥5,700,000
C 300 アバンギャルドS（右）	¥6,640,000

45

Cクラスセダン諸元表

		C 200 コンプレッサーアバンギャルド	C 250 アバンギャルド	C 300 アバンギャルドS
全長	mm	4,585	4,585	4,630
全幅	mm	1,770	1,770	1,770
全高	mm	1,445	1,445	1,430
ホイールベース	mm	2,760	2,760	2,760
トレッド 前/後	mm	1,535/1,535	1,535/1,535	1,535/1,515
最低地上高	mm	150	150	135
トランクスペース（VDA方式） リッター		440	440	440
車両重量	kg	1,490	1,540	1,570
乗車定員	名	5	5	5
最小回転半径	m	5.1	5.1	5.1
10・15モード燃費	km/リッター	11.2	－	9.5
エンジン型式		271		272M30
種類・シリンダー数		DOHC直列4気筒 スーパーチャージャー付	DOHC V型6気筒	DOHC V型6気筒
総排気量	cc	1,795	2,496	2,996
ボア×ストローク	mm	82.0×85.0	88.0×68.4	88.0×82.1
圧縮比		8.5	11.4	11.3
最高出力（EEC）	kW(ps)/rpm	135(184)/5,500	150(204)/6,100	170(231)/6,000
最大トルク（EEC）	Nm(kg·m)/rpm	250(25.5)/2,800〜5,000	250(25.5)/3,500〜4,000	300(30.6)/2,500〜5,000
使用燃料・燃料タンク容量 リッター		無鉛プレミアム・66	無鉛プレミアム・66	無鉛プレミアム・66
ステアリング		右	左/右	右
トランスミッション		電子制御5速A/T	電子制御7速A/T	電子制御7速A/T
ブレーキ	（前）	ベンチレーテッドディスク	ベンチレーテッドディスク	ベンチレーテッドディスク
	（後）	ディスク	ディスク	ディスク
タイヤサイズ	（前）	225/45R17	225/45R17	225/45R17
	（後）	225/45R17	225/45R17	245/40R17

		C 200 コンプレッサーエレガンス	C 250 エレガンス
全長	mm	4,585	4,585
全幅	mm	1,770	1,770
全高	mm	1,445	1,445
ホイールベース	mm	2,760	2,760
トレッド 前/後	mm	1,540/1,545	1,540/1,545
最低地上高	mm	150	150
トランクスペース（VDA方式） リッター		440	440
車両重量	kg	1,490	1,540
乗車定員	名	5	5
最小回転半径	m	5.1	5.1
10・15モード燃費	km/リッター	11.2	－
エンジン型式		271	
種類・シリンダー数		DOHC直列4気筒 スーパーチャージャー付	DOHC V型6気筒
総排気量	cc	1,795	2,496
ボア×ストローク	mm	82.0×85.0	88.0×68.4
圧縮比		8.5	11.4
最高出力（EEC）	kW(ps)/rpm	135(184)/5,500	150(204)/6,100
最大トルク（EEC）	Nm(kg·m)/rpm	250(25.5)/2,800〜5,000	250(25.5)/3,500〜4,000
使用燃料・燃料タンク容量 リッター		無鉛プレミアム・66	無鉛プレミアム・66
ステアリング		右	左/右
トランスミッション		電子制御5速A/T	電子制御7速A/T
ブレーキ	（前）	ベンチレーテッドディスク	ベンチレーテッドディスク
	（後）	ディスク	ディスク
タイヤサイズ	（前）	205/55R16	205/55R16
	（後）	205/55R16	205/55R16

■Cクラス ステーションワゴン

●プロフィール

　Cクラスのステーションワゴンは2007年10月の段階では、セダンに比べてひと世代古いモデルになる。3代目のCクラスは2000年9月にセダンが登場した後、2001年6月にステーションワゴンが追加された。セダンの発売から半年から1年ほど遅れてステーションワゴンが登場するのがメルセデス・ベンツの常である。4WD車については2002年8月になってから追加されている。

インテリア回りのデザインは
従来のセダンと共通のもの。

　4代目のCクラスでもセダンは2007年6月に登場したが、この時点ではステーションワゴンは発売されず、2008年になってから追加される。このため2007年後半の段階では、従来のCクラスステーションワゴンが引き続き販売されている。

　セダンのことを考えると、旧型モデルを買うような形になるわけで、ステーションワゴンを買うかどうかで迷うユーザーも多いかと思うが、この段階のモデルであっても十分な価値があるのがメルセデス・ベンツの特徴である。

　2001年に登場した後、2004年に大きな改良が加えられており、外観デザインやシート表皮などが変更を受けたほか、サスペンションやステアリングを変更してシャシーの熟成を進めている。これによって、高い操縦安定性と乗り心地の良さが、高次元でバランスされるようになった。さらに、2005年8月にも新エンジンを搭載するなどの改良が行われ、2006年3月にはC180コンプレッサーアバンギャルドが設定されている。それ

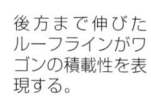

後方まで伸びたルーフラインがワゴンの積載性を表現する。

だけに、2007年の時点においてもCクラスのステーションワゴンを選ぶ意味は大きいといえる。最も熟成の進んだCクラスが、現在のステーションワゴンなのだ。

●試乗インプレッション

旧型Cクラスの良さはどしっとした感じの剛性感の高いボディを持つことだ。この剛性感はセダンでよく表現されていたが、リアに大きな開口部を持つステーションワゴンでも、その不利を感じさせることなく高い剛性感を感じさせる。乗っていて、大きな安心感を感じるのが今やひと世代前のモデルとなったCクラスのステーションワゴンである。

トノボードやネットで仕切られたラゲッジスペースは使い勝手も上々。

直列4気筒の1.8リッターエンジンを搭載したモデルが2種類あって、エンジンのパワー&トルクの違いでC180コンプレッサーアバンギャルドとC200コンプレッサーに分かれている。C180のほうがスポーティな味付けのアバンギャルドとされており、C200にはラグジュアリーな仕様が用意される。C180コンプレッサーアバンギャルドは2006年3月に追加された最終モデルである。

動力性能の差は10%ほどでさほど大きなものではないが、走りに余裕があるC200のほうが好ましい印象。高い操縦安定性を確保しながらも、乗り心地の良さをスポイルしていない足回りは、いかにもメルセデス・ベンツらしいものだ。より硬めの乗り心

前後のシートには十分な居住空間が確保されている。

新しいCクラスとはライトのデザインに違いがある。

地となるアバンギャルド仕様のC180も良いが、個人的な印象としてはC200のほうがお勧めである。

さらにV型6気筒2.5リッターエンジンを搭載したC230ステーションワゴンもなかなか魅力的な存在だ。

この時期のCクラスはC280にV型6気筒3.0リッターエンジンが搭載されるなど、グレード名の数字と排気量の数字が合わないのでややこしいが、C230のV型6気筒には自然吸気エンジンの良さがあるほか、新時代のV型6気筒エンジンとしてDOHC化されたものである点も長所となる。吹き上がりの良さやパワーフィールが従来の3バルブSOHCに比べると格段に向上して力強い走りを感じさせる。ボディに対する余裕が大きくなる点が、ステーションワゴンにはより似合っていると思う。ATも最新の電子制御7速の7Gトロニックが組み合わされていて、5速ATとの組み合わせとなる4気筒車との差別化が図られている。

●購入アドバイス

ベースのC180コンプレッサーアバンギャルドが430万円で買えるが、ラグジュアリーな装備を追加したC200コンプレッサーは494万円になり、C230は540万円という設定。50万～60万円の価格差が開いているので、価格を含めて考えるとどれを選ぶのが良いかの判断が難しくなるが、基本としてはC200コンプレッサーを選べば良いと思う。これがいろいろな意味でメルセデス・ベンツのステーションワゴンらしいモデルだ。次いでお勧めとなるのがC230で、500万円を超える価格はちょっと厳しい印象もあるが、新世代エンジンとATを手に入れることを思えば、納得モノの価格となる。

Cクラス ステーションワゴン価格表

モデル名　(ステアリング)	メーカー希望小売価格
C180 コンプレッサー ステーションワゴン アバンギャルド (右)	¥4,300,000
C200 コンプレッサー ステーションワゴン (右)	¥4,940,000
C230 ステーションワゴン アバンギャルド (右)	¥5,400,000
C280 ステーションワゴン アバンギャルド (右)	¥6,190,000
C280 4MATIC ステーションワゴン アバンギャルド (左)	¥6,510,000

Cクラス ステーションワゴン諸元表

		C180コンプレッサー ステーションワゴン アバンギャルド	C200コンプレッサー ステーションワゴン	C230ステーションワゴン アバンギャルド
全長	mm	4,550	4,550	4,550
全幅	mm	1,730	1,730	1,730
全高	mm	1,465	1,465	1,465(1,450)
ホイールベース	mm	2,715	2,715	2,715
トレッド 前/後	mm	1,505/1,475	1,505/1,475	1,495/1,470
最低地上高	mm	130	130	130(120)
トランクスペース (VDA方式) リッター		430〜1,314	430〜1,314	430〜1,314
車両重量	kg	1,530	1,540	1,590
乗車定員	名	5	5	5
最小回転半径	m	5.0	5.0	5.0
10・15モード燃費	km/リッター	12.0	11.2	10.0
エンジン型式		271	271	272M25
種類・シリンダー数		DOHC直列4気筒 スーパーチャージャー付	DOHC直列4気筒 スーパーチャージャー付	DOHC V型6気筒
総排気量	cc	1,795	1,795	2,496
ボア×ストローク	mm	82.0×85.0	82.0×85.0	88.0×68.4
圧縮比		9.3	9.3	11.4
最高出力 (EEC)	kW(ps)/rpm	105(143)/5,200	120(163)/5,500	150(204)/6,100
最大トルク (EEC)	Nm(kg・m)/rpm	220(22.4)/2,500〜4,200	240(24.5)/3,000〜4,000	250(25.5)/3,500〜4,000
使用燃料・燃料タンク容量	リッター	無鉛プレミアム・62	無鉛プレミアム・62	無鉛プレミアム・62
ステアリング		右	右	右
トランスミッション		電子制御5速A/T	電子制御5速A/T	電子制御7速A/T
ブレーキ	(前)	ベンチレーテッドディスク	ベンチレーテッドディスク	ベンチレーテッドディスク
	(後)	ディスク	ディスク	ディスク
タイヤサイズ	(前)	205/55R16	205/55R16	225/45R17
	(後)	225/50R16	205/55R16	245/40R17

		C280ステーションワゴン アバンギャルド	C280 4MATIC ステーションワゴン アバンギャルド	C55 AMG ステーションワゴン
全長	mm	4,550	4,550	4,635
全幅	mm	1,730	1,730	1,745
全高	mm	1,465(1,450)	1,470	1,455
ホイールベース	mm	2,715	2,715	2,715
トレッド 前/後	mm	1,495/1,470	1,495/1,470	1,505/1,470
最低地上高	mm	130	135	120
トランクスペース (VDA方式) リッター		430〜1,314	430〜1,314	430〜1,314
車両重量	kg	1,600	1,670	1,690
乗車定員	名	5	5	5
最小回転半径	m	5.0	5.0	5.0
10・15モード燃費	km/リッター	9.5	8.8	7.1
エンジン型式		272M30	272M30	113M55
種類・シリンダー数		DOHC V型6気筒	DOHC V型6気筒	SOHC V型8気筒
総排気量	cc	2,996	2,996	5,438
ボア×ストローク	mm	88.0×82.1	88.0×82.1	97.0×92.0
圧縮比		11.3	11.3	11.0
最高出力 (EEC)	kW(ps)/rpm	170(231)/6,000	170(231)/6,000	270(367)/5,750
最大トルク (EEC)	Nm(kg・m)/rpm	300(30.6)/3,500〜4,000	300(30.6)/3,500〜4,000	510(52.0)/4,000
使用燃料・燃料タンク容量	リッター	無鉛プレミアム・62	無鉛プレミアム・62	無鉛プレミアム・62
ステアリング		右	左	右
トランスミッション		電子制御7速A/T	電子制御5速A/T	電子制御5速A/T
ブレーキ	(前)	ベンチレーテッドディスク	ベンチレーテッドディスク	ベンチレーテッドディスク
	(後)	ディスク	ディスク	ベンチレーテッドディスク
タイヤサイズ	(前)	225/45R17	225/45R17	225/40R18
	(後)	245/40R17	245/40R17	245/35R18

■Cクラススポーツクーペ

●プロフィール

　旧型Cクラスではセダンのほかにステーションワゴンとスポーツクーペの3種類のボディが設定されていた。基本プラットホームは共通で、ホイールベースの長さも変わらずクーペボディながら、優れた基本パッケージングで十分な居住空間が確保されている。

　乗車定員が4名に抑えられているので、後席にも大人が乗れるくらいの空間がある。インテリア回りのデザインはCクラスの旧型セダンなどと共通で、カラーリングなどによってクーペ独特の雰囲気がつくられている。ATレバーのポジション表示が左ハンドル仕様となっているのは右ハンドルユーザーにとっては不満となる要素だが、それ以外の部分はおおむね好感の持てるもの。

旧Cクラスをベースにしたスポーツクーペ。

　全体的な質感の高さはメルセデス・ベンツにふさわしいものとされており、シルバーのシフトノブなどによってスポーティさが表現されている。スポーティグレードとなるC200コンプレッサー・エボリューションでは、鋭角的なフィンにシルバーのパンチングデザインを採用したフロントグリル、専用の7本スポークステアリングホイール、前後異サイズのワイドタイヤなど、専用の仕様がいろいろと用意されている。

●試乗インプレッション

　搭載エンジンは直列4気筒1.8リッターのコンプレッサー仕様で、チューニングの違いによってC180コンプレッサーが105kWのパワー、C200コンプレッサー・エボリューションが120kWのパワーを発生する。

　C180の実力は平均的なもので、際立ってスポーティというほどではないが、このクラスのボディを軽快に走らせることができる。C200のほうは十分にスポーティな実力を発揮する。低速域からトルクを発生するスーパーチャージャー仕様であることが、スムー

ズかつ力強い走りにつながっていると思う。

ボディの剛性の高さによる安心感があり、スポーツクーペは女性ユーザーが乗ることも多いクルマだが、エボリューションの走りの実力は男性ユーザーの期待にも十分に応えられるものだ。

● **購入アドバイス**

さすがに今の時点ではお勧めしにくいクルマになっている。メルセデス・ベンツのラインナップの中に、CクラスとEクラスの中間的な位置づけとなるクーペモデルのCLKクラスがあるので、スポーツクーペは次期モデルが出てくるかどうか分からない。むしろCLKクラスにC200コンプレッサー・アバンギャルドが存在することを考えると、それによってスポーツクーペがカバーできるからだ。

しかもクーペモデルは鮮度が生命。実用的な要素も多いステーションワゴンに比べるとモデル末期のクルマは積極的には選びにくい。2007年秋の時点では、あえて指名買いをするほどでないのは確かである。

コクピット及び前後の余裕のあるシート。

Cクラススポーツクーペ価格表

モデル名（ステアリング）	メーカー希望小売価格
C 180 コンプレッサースポーツクーペ（右）	¥3,880,000
C 200 コンプレッサースポーツクーペ エボリューション（右）	¥4,410,000

Cクラススポーツクーペ諸元表

		C 180 コンプレッサースポーツクーペ	C 200 コンプレッサースポーツクーペ エボリューション
全長	mm	4,345	4,345
全幅	mm	1,730	1,730
全高	mm	1,405	1,400
ホイールベース	mm	2,715	2,715
トレッド 前/後	mm	1,505/1,475	1,495/1,470
最低地上高	mm	135	120
トランクスペース (VDA方式)	リッター	280～1,070	280～1,070
車両重量	kg	1,450	1,480
乗車定員	名	4	4
最小回転半径	m	5.0	5.0
10・15モード燃費	km/リッター	12.0	11.2
エンジン型式		271	271
種類・シリンダー数		DOHC 直列4気筒 スーパーチャージャー	DOHC 直列4気筒 スーパーチャージャー
総排気量	cc	1,795	1,795
ボア×ストローク	mm	82.0×85.0	82.0×85.0
圧縮比		9.3	9.3
最高出力 (EEC)	kW(ps)/rpm	105(143)/5,200	120(163)/5,500
最大トルク (EEC)	Nm(kg·m)/rpm	220(22.4)/2,500～4,200	240(24.5)/3,000～4,000
使用燃料・燃料タンク容量	リッター	無鉛プレミアム・62	無鉛プレミアム・62
ステアリング		右	右
トランスミッション		電子制御5速A/T	電子制御5速A/T
ブレーキ	(前)	ベンチレーテッドディスク	ベンチレーテッドディスク
	(後)	ディスク	ディスク
タイヤサイズ	(前)	205/55R16	225/45R17
	(後)	205/55R16	245/40R17

■CLKクラス

●プロフィール

　CクラスにはセダンとワゴンのほかにスポーツクーペのB設定があるが、それとは別にクーペ／オープンボディのCLKクラスも設定されている。基本プラットホームやコンポーネンツはCクラス系のものが使われているが、エンジンは直列4気筒だけでなくV型6気筒やAMG仕様のV型8気筒まで搭載されており、ひとクラスもふたクラスも上のクルマという位置づけだ。

　外観デザインは旧型Cクラスと同様のツインヘッドライトが採用され、そのフロントからリアエンドまで流れるようなクーペのボディラインが描かれる。リアビューはテールランプの形状などが、CクラスというよりEクラスを連想させる。

　現行モデルのCLKクラスは2代目で、搭載エンジンはモデルイヤーによって変遷を遂げてきたが、現在のラインナップはC200コンプレッサーに搭載される直列4気筒1.8

フロントのツインヘッドライトはCクラスを思わせるもの。

いかにもクーペらしいスタイリッシュな外観を持つ。

オープンにしたときの姿が美しいCLKカブリオレ。幌タイプのルーフはわずか20秒ほどで電動開閉が可能だ。

リッターのスーパーチャージャー仕様とV型6気筒3.5リッター。ほかにAMG用のV型6気筒6.3リッターがある。クーペには3機種のエンジンが搭載されているが、カブリオレには4気筒エンジンは搭載されていない。

●試乗インプレッション

　CLK350に試乗したのはわずかな時間だけだったが、全体にスポーティな印象の強いクルマだった。運転席回りの雰囲気は全体的には旧型Cクラスに共通するものがあるが、ややタイトな感じにつくられている分だけ走りに期待を持たせるようなところがある。

メーターパネルのデザインなどはEクラス系のイメージ。

第2章 車種ガイド（CLKクラス）

AMG仕様のCLKクラスはF1レースのペースカーにも使われている。

前席にはSRSヘッドソラックスサイドバッグを、後席にはオートマティックロールバーを装備。

搭載されるV型6気筒3.5リッターエンジンと7Gトロニックとの組み合わせは、ほかのメルセデス・ベンツにも搭載例の多いもの。200kWのパワーは十分なものだし、トルクも350N・mとしっかり出ているのでスポーティなクーペであるCLKにふさわしい走りが可能。滑らかで力強く加速していく感じはとても気持ちの良いものだ。

●購入アドバイス

C200コンプレッサースポーツクーペなら440万円台で買えるのだが、上級の仕様が用意されるCLKクラスになると、CLK200コンプレッサーでも599万円と150万円以上も高くなる。装備や仕様の差は大きいが、搭載エンジンが1.8リッターのコンプレッサー仕様で良いなら、割り切ってCクラスのクーペを選んでも良いように思う。

CLK350を選ぶと、クーペが807万円でカブリオレが870万円と、いずれも800万円台に乗る。この価格帯になると4ドアながらスタイリッシュなボディを持つCLSクラスとどちらを選ぶかという選択もありそうだ。もちろん、クーペにはクーペの魅力があるが、Eクラスをベースにしたcl sの魅力も大きい。

このように考えると、今ではやや中途半端な存在になったともいえるのがCLKクラスだ。

CLKクラス価格表

モデル名（ステアリング）	メーカー希望小売価格
CLK 200 コンプレッサーアバンギャルド（右）	¥5,990,000
CLK 350 アバンギャルド（左/右）	¥8,070,000
CLK 63 AMG（左）	¥12,300,000

CLKクラス カブリオレ価格表

モデル名（ステアリング）	メーカー希望小売価格
CLK 350 カブリオレ（左）	¥8,700,000
CLK 63 AMG カブリオレ（左）	¥13,000,000

CLKクラス諸元表

			CLK 200 コンプレッサーアバンギャルド	CLK 350 アバンギャルド	CLK 350 カブリオレ
全長		mm	4,660	4,660	4,660
全幅		mm	1,740	1,740	1,740
全高		mm	1,435	1,435	1,415
ホイールベース		mm	2,715	2,715	2,715
トレッド 前/後		mm	1,495/1,480	1,495/1,480	1,495/1,480
最低地上高		mm	140	140	140
トランクスペース（VDA方式）		リッター	386	386	233（ソフトトップ格納時）/327
車両重量		kg	1,550	1,630	1,750
乗車定員		名	4	4	4
最小回転半径		m	5.0	5.0	5.0
10・15モード燃費		km/リッター	11.2	8.7	8.7
エンジン型式			271	272	272
種類・シリンダー数			DOHC直列4気筒 スーパーチャージャー付	DOHC V型6気筒	DOHC V型6気筒
総排気量		cc	1,795	3,497	3,497
ボア×ストローク		mm	82.0×85.0	92.9×86.0	92.9×86.0
圧縮比			8.5	10.7	10.7
最高出力（EEC）		kW(ps)/rpm	135(183)/5,500	200(272)/6,000	200(272)/6,000
最大トルク（EEC）		Nm(kg·m)/rpm	250(25.5)/2,800～5,000	350(35.7)/2,400～5,000	350(35.7)/2,400～5,000
使用燃料・燃料タンク容量		リッター	無鉛プレミアム・62	無鉛プレミアム・62	無鉛プレミアム・62
ステアリング			右	左/右	左
トランスミッション			電子制御5速A/T	電子制御7速A/T	電子制御7速A/T
ブレーキ	(前)		ベンチレーテッドディスク	ベンチレーテッドディスク	ベンチレーテッドディスク
	(後)		ディスク	ディスク	ディスク
タイヤサイズ	(前)		225/45R17	225/45R17	225/45R17
	(後)		245/40R17	245/40R17	245/40R17

			CLK 63 AMG	CLK 63 AMG カブリオレ
全長		mm	4,660	4,660
全幅		mm	1,740	1,740
全高		mm	1,420	1,400
ホイールベース		mm	2,715	2,715
トレッド 前/後		mm	1,500/1,480	1,500/1,480
最低地上高		mm	110	130
トランクスペース（VDA方式）		リッター	435	276（ソフトトップ格納時）/390
車両重量		kg	1,770	1,860
乗車定員		名	4	4
最小回転半径		m	5.0	5.0
10・15モード燃費		km/リッター	5.6	—
エンジン型式			156	156
種類・シリンダー数			DOHC V型8気筒	DOHC V型8気筒
総排気量		cc	6,208	6,208
ボア×ストローク		mm	102.2×94.6	102.2×94.6
圧縮比			11.3	11.3
最高出力（EEC）		kW(ps)/rpm	354(481)/6,800	354(481)/6,800
最大トルク（EEC）		Nm(kg·m)/rpm	630(64.2)/5,000	630(64.2)/5,000
使用燃料・燃料タンク容量		リッター	無鉛プレミアム・62	無鉛プレミアム・62
ステアリング			左	左
トランスミッション			電子制御7速A/T	電子制御7速A/T
ブレーキ	(前)		ベンチレーテッドディスク	ベンチレーテッドディスク
	(後)		ベンチレーテッドディスク	ベンチレーテッドディスク
タイヤサイズ	(前)		225/40R18	225/40R18
	(後)		255/35R18	255/35R18

■Aクラス

●プロフィール

　Aクラスはメルセデス・ベンツのラインナップの中でエントリーモデルに位置付けられるクルマだが、ほかのモデルとはかなり性格の異なる存在である。このため、Aクラスをメルセデス・ベンツのラインナップの一部とするのは適当ではないと主張する人もいるくらいだ。

　専用のプラットホームをベースにつくられているAクラスは、ほかのメルセデス・ベンツ車と違ってFF方式を採用したクルマである。FRを基本とする主流のメルセデス・ベンツ車とは異なる大きなポイントがここにある。

　ただ、比較的小さなFF車でありながら、高い安全性を備える点などはメルセデス・ベンツらしいところ。独自のサンドイッチ構造による2重のフロアによって、衝突時にはパワートレーンが床下に落ちる構造を採用した点などは大いに注目される。

　現行Aクラスは2代目だが、床下に燃料電池を搭載することを前提にしたNECARと呼

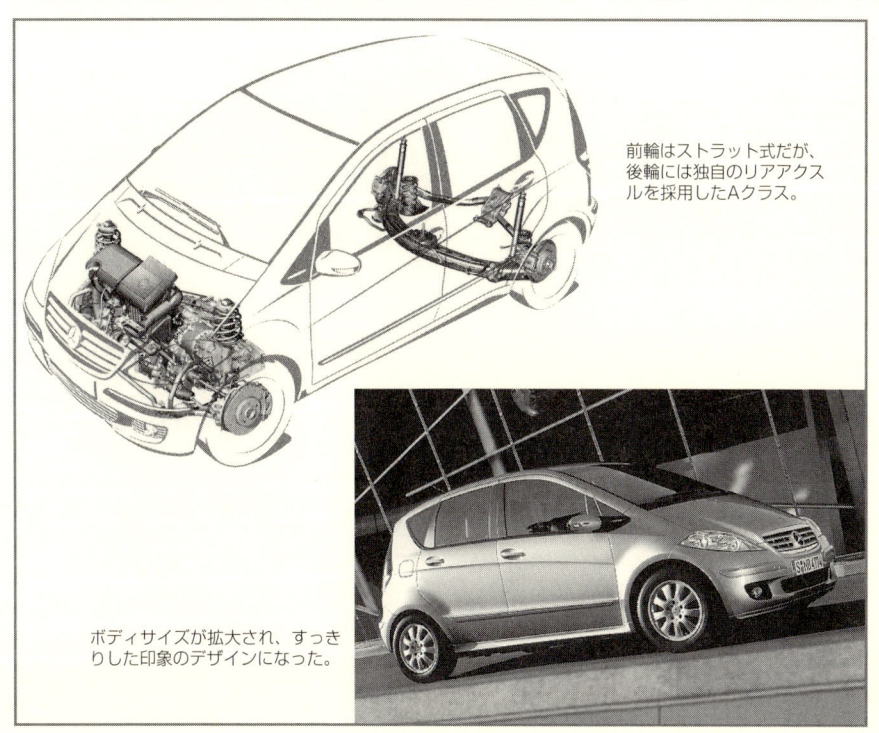

前輪はストラット式だが、後輪には独自のリアアクスルを採用したAクラス。

ボディサイズが拡大され、すっきりした印象のデザインになった。

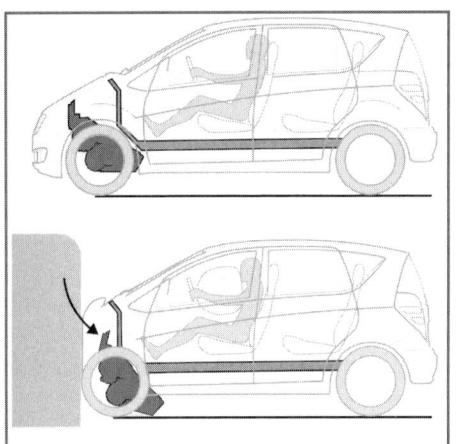

衝突時にエンジンが床下に落ちて室内の安全性を確保。

直列4気筒エンジンは1.7リッターが85kW、2.0リッターが100kWのパワー。

滑らかな走りを実現する無段変速のオートトロニック。

扱いやすいサイズのボディの中に余裕の居住空間を実現する。

ぶコンセプトカーと共通の車台を使って開発された初代モデルの段階から、この構造が採用されている。

　初代モデルの発売当初には、エルクテストと呼ぶ急ハンドルによるダブルレーンチェンジで横転の危険があると指摘されたが、それを受けて直ちに全車を回収してESPを装着した上でユーザーに戻すといった対応をしたのは、さすがにメルセデス・ベンツという印象で、ほかのメーカーにはマネのできない対応だった。

　現在の2代目モデルでは、安全性の高さに加えてインテリア回りの質感も大きく向上し、一段とメルセデス・ベンツらしいクルマに仕上げられている。エレガンス系のモデルには木目パネルが採用されるほか、本革シートもオプション設定されている。

●試乗インプレッション

　Aクラスに搭載されるエンジンは1.7リッターと2.0リッター、2.0リッターターボの3機種。いずれも無段変速のCVTと組み合わされている。

　A170用の1.7リッターエンジンは、85kW／155N・mのパワー＆トルクで実力的には平凡なものだが、実際に走らせてみるとこれで十分といった印象を受ける。最大トルクを発生する回転数が低くてトルクバンドが広いことに加え、エンジンの効率的な部分をうまく使って走るCVTならではのスムーズさがあり、タウンモードから高速クルージングまで過不足のない走りを示す。山道ではもう少しパワーが欲しいというシーンもあったが、日常的にはA170で十分だ。

　A200に搭載される2.0リッターの自然吸気エンジンは走りに余裕が生まれ、Aクラスのボディにはこれが最も適しているという印象だ。100kW／185N・mのパワー＆トルクによって、Aクラスを軽快に走らせることが可能だ。

　A200ターボはアバンギャルド仕様になって外観が差別化されるほか、スポーツサスペンションや17インチのアルミホイールによってスポーツ性を高めている。インテリアもスポーツシートなどが採用される。低速域から滑らかにトルクが盛り上がるように味付けがなされたターボで、自然な走りのフィールに好感が持てる。専用の足回りによってA200ターボの操縦安定性は極めて高いレベルにある。ESPが全車に標準だが、基本性能が高いためにドライのオンロードではそう簡単にESPが働くモードに入らない。

●購入アドバイス

　ベースグレードのA170で十分だと思う。トータルバランスで考えたらA200のほうが

2代目Aクラスではインパネ回りのクォリティが大幅に向上した。

トレッドが拡大されてワイド感が強調されたフロントビュー。

優れているが、Aクラス用の2.0リッターエンジンは排気量が2034ccと2000ccをわずかに超えており、これによって自動車税額が高くなるのが気分的に良くない。年間5000円ほどといえばそれまでだが、日本市場のことを真剣に考えたクルマではないような印象がある。

ワンモーションのフォルムと逆スラントのCピラーはAクラスならでは。

逆にA170ならベースグレードで250万円台、エレガンスでも300万円弱と比較的手頃な価格で買えるのが良い。ゴルフやアウディA3などと変わらない価格で買えるのだ。購入時には30万円弱のカーナビをオプションで装着することになる。

Aクラス価格表

モデル名（ステアリング）	メーカー希望小売価格
A 170（右）	¥2,520,000
A 170 エレガンス（右）	¥2,950,000
A 200 エレガンス（右）	¥3,160,000
A 200 ターボ アバンギャルド（右）	¥3,530,000

Aクラス諸元表

		A 170	A 170 エレガンス	A 200 エレガンス	A 200 ターボアバンギャルド
全長	mm	3,850	3,850	3,850	3,850
全幅	mm	1,765	1,765	1,765	1,765
全高	mm	1,595	1,595	1,595	1,585
ホイールベース	mm	2,570	2,570	2,570	2,570
トレッド 前/後	mm	1,555/1,550	1,555/1,550	1,550/1,545	1,535/1,530
最低地上高	mm	130	130	130	120
トランクスペース（VDA方式）リッター		387〜1,332	387〜1,332	387〜1,332	387〜1,332
車両重量	kg	1,310	1,310	1,320	1,370
乗車定員	名	5	5	5	5
最小回転半径	m	5.3	5.3	5.3	5.3
10・15モード燃費	km/リッター	12.2	12.2	11.8	11.4
エンジン型式		266	266	266M20	266M20
種類・シリンダー数		SOHC 直列4気筒	SOHC 直列4気筒	SOHC 直列4気筒	SOHC 直列4気筒 ターボチャージャー付
総排気量	cc	1,698	1,698	2,034	2,034
ボア×ストローク	mm	83.0×78.5	83.0×78.5	83.0×94.0	83.0×94.0
圧縮比		11.0	11.0	11.0	9.2
最高出力（EEC）	kW(ps)/rpm	85(116)/5,500	85(116)/5,500	100(136)/5,500	142(193)/4,850
最大トルク（EEC）	Nm(kg·m)/rpm	155(15.8)/3,500〜4,000	155(15.8)/3,500〜4,000	185(18.9)/3,500〜4,000	280(28.6)/1,800〜4,850
使用燃料・燃料タンク容量	リッター	無鉛プレミアム・54	無鉛プレミアム・54	無鉛プレミアム・54	無鉛プレミアム・54
ステアリング		右	右	右	右
トランスミッション		無段変速トランスミッション	無段変速トランスミッション	無段変速トランスミッション	無段変速トランスミッション
ブレーキ	（前）	ベンチレーテッドディスク	ベンチレーテッドディスク	ベンチレーテッドディスク	ベンチレーテッドディスク
	（後）	ディスク	ディスク	ディスク	ディスク
タイヤサイズ	（前）	185/65R15	185/65R15	195/55R16	215/45R17
	（後）	185/65R15	185/65R15	195/55R16	215/45R17

第2章 車種ガイド(Bクラス)

■Bクラス

●プロフィール

　初代Aクラスには標準ボディとロングボディの設定があったが、2代目モデルにはそうした設定がない。代わりにBクラスという新しいモデルを設定してきた。これは事実上従来のロングボディの後継モデルだ。

　名前からすればAクラスとCクラスの中間に位置するモデルだが、プラットホームや基本メカニズムはAクラス用のもので、サンドイッチ構造に基づく独自の安全ボディやFF方式を採用することなどは、Aクラスと共通である。

　プラットホームは共通でもボディサイズは全長×全幅×全高が、Aクラスよりひと回り大きいほか、Bクラス独自の使い勝手を備える部分もあるので、メルセデス・ベンツとしてはAクラスとは別のクルマとして位置付けている。

Aクラスのボディをひと回り大きくしたダイナミックな印象のBクラスのデザイン。

外観デザインはスタイリッシュでダイナミックなものとなっている。ボディサイドの流れるようなラインのカッコ良さはCLSクラスにも通じるものがあり、フロントグリルの大きなスリーポインテッドスターはSLなどメルセデス・ベンツのスポーツカーに採用されているもので、ベンツのラインナップにあることを強調している。

インパネ回りのデザインはAクラスとほぼ共通のものだ。

Bクラスのインテリア空間は、ゆったりした広さが特徴。全長は4270mmと比較的コンパクトなものながら、全幅は1780mmとたっぷりしたサイズであり、ホイールベースも2780mmと相当に長い。これはCクラスのホイールベースを超える長さで、室内空間の広さを優先したパッケージになっている。後席の居住空間でいえば、Eクラス並みの広さが確保されている。

ロングホイールベースを生かして、ラゲッジスペースも余裕十分の広さがある。しかも、簡単な操作でフロアパネルを2段階に切り換えることが可能だから、荷物に応じてフレキシブルな使い勝手を実現できる。

サンドイッチ構造の安全ボディは床面が高く、必ずしも乗降性が良いとはいえないのがわずかな難点だ。

後席の背もたれを倒すと広々としたラゲッジスペースが生まれる。ラゲッジボードは2段階の高さ調節が可能だ。

●試乗インプレッション

搭載エンジンは直列4気筒SOHCで、1.7リッター、2.0リッター、2.0リッターターボの3機種が設定されている。このあたりはAクラスと同じバリエーションとなっている。組み合わされるトランスミッションは無段変速のCVTで、滑らかな走りを実現する。

ベースグレードのB170は、85kW/

第2章 車種ガイド(Bクラス)

衝突時にエンジンが床下に落ちるサンドイッチ構造はAクラスと共通。

上質な乗り心地と優れた走行安定性を実現する前後サスペンション。

155N・mのパワー&トルク。SOHCエンジンなので動力性能的にやや控えめな印象があるが、不満のない中低速域のトルクとCVTによってスムーズな走りが可能。

　標準仕様のB170は、サスペンションがちょっと柔らかめの印象があるので、道路の継ぎ目のあるところではピッチングも感じられた。好みにもよるが、ベンツらしい走りに期待するなら、オプションのスポーツサスペンションを選択したほうが良いだろう。

　B200ターボは142kWのパワーと280N・mものトルクを発生する。トルクの太さは、まさにターボ車の長所といえる部分で、わずか1800回転で発生する最大トルクによって力強い走りが楽しめる。サスペンションも硬めにチューンされていて、走りのフィールは相当にスポーティなものになる。

　B170、B200ターボに共通するのは室内騒音がやや大きめなこと。ヨーロッパ車と日本車では音に対する考え方が違う部分があるようで、Bクラスもトヨタ車などに比べると騒音レベルが高いと思う。

●購入アドバイス

　Bクラスの価格はB170が300万円弱、B200が350万円強、B200ターボが400万円強に設定されている。直接的に競合するモデルはゴルフプラスなどだが、ベンツのブランド

代分ということか、やや高めの価格となる。

　Bクラスに搭載される2.0リッターエンジンは排気量が2034ccと2000ccをわずかに超えている。これによって、年間の自動車税がひとクラス上のものになって年間5500円の負担が増えて、ちょっと悔しい気分になるものだ。それを考えると、お勧めは基本的にB170になる。ただ、前述のようにベンツらしい乗り味を得たいならオプションのスポーツサスペンション（18万9000円のスポーツパッケージに含まれる設定）を装着すべきだろう。

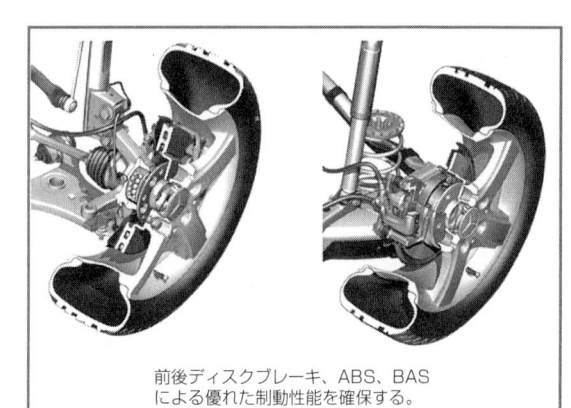

前後ディスクブレーキ、ABS、BASによる優れた制動性能を確保する。

Bクラス価格表

モデル名（ステアリング）	メーカー希望小売価格
B 170（右）	¥2,990,000
B 200（右）	¥3,530,000
B 200 ターボ（右）	¥4,020,000

Bクラス諸元表

			B 170	B 200	B 200 ターボ
全長		mm	4,270	4,270	4,270
全幅		mm	1,780	1,780	1,780
全高		mm	1,605	1,605	1,595
ホイールベース		mm	2,780	2,780	2,780
トレッド 前/後		mm	1,550/1,545	1,545/1,540	1,545/1,540
最低地上高		mm	125	125	115
トランクスペース（VDA方式）	リッター		506〜1,607	506〜1,607	506〜1,607
車両重量		kg	1,380	1,390	1,440
乗車定員		名	5	5	5
最小回転半径		m	5.6	5.6	5.6
10・15モード燃費	km/リッター		12.8	11.8	11.2
エンジン型式			266	266M20	266M20
種類・シリンダー数			SOHC直列4気筒	SOHC直列4気筒	SOHC直列4気筒ターボチャージャー付
総排気量		cc	1,698	2,034	2,034
ボア×ストローク		mm	83.0×78.5	83.0×94.0	83.0×94.0
圧縮比			11.0	11.0	9.2
最高出力（EEC）	kW(ps)/rpm		85(116)/5,500	100(136)/5,500	142(193)/4,850
最大トルク（EEC）	Nm(kg·m)/rpm		155(15.8)/3,500〜4,000	185(18.9)/3,500〜4,000	280(28.6)/1,800〜4,850
使用燃料・燃料タンク容量	リッター		無鉛プレミアム・54	無鉛プレミアム・54	無鉛プレミアム・54
ステアリング			右	右	右
トランスミッション			無段変速トランスミッション	無段変速トランスミッション	無段変速トランスミッション
ブレーキ	（前）		ベンチレーテッドディスク	ベンチレーテッドディスク	ベンチレーテッドディスク
	（後）		ディスク	ディスク	ディスク
タイヤサイズ	（前）		205/55R16	215/45R17	215/45R17
	（後）		205/55R16	215/45R17	215/45R17

■Sクラス

●プロフィール

2005年秋のフランクフルトショーで最大の目玉になったのがSクラス。このクルマを待ちわびていた世界中の裕福なユーザーばかりでなく、世界中の自動車メーカー関係者も注目する中での登場だった。

メルセデス・ベンツの中でも長い歴史を持つSクラスは、その歴史の中で常に自動車技術をリードしてきたクルマだが、今回のモデルでも、衝突前安全のプレセーフから衝突後のポストセーフまでを統合した新しい安全システムのプロセーフを提唱するなど、メルセデス・ベンツならではの技術を導入した。

外観はヘッドライトのデザインが涙目からややオーソドックスなものに変わったが、伝統の横桟基調のフロントグリルやフード上のスリーポインテッドスターによって、ひと目でメルセデス・ベンツであることが分かる。見るからに存在感や品質感を感じさせるデザインだが、全体的にはややおとなしい印象。ボディサイドのフェンダーが張り出した形になっているのが、今回のモデルの特徴だ。

グレードによる外観の違いはほとんどないが、搭載エンジンや仕様によって18インチと19インチのタイヤサイズがあり、これに伴ってホイールのデザインが変わるのと、エンブレムが異なるのが相違点だ。

Sクラスならではの伸び伸びした風格のあるデザイン。

ボディサイズはひと回り大きくなり、標準ボディ、ロングボディとも全長、全幅、ホイールベースなどが拡大されている。
　インテリアに目を向けると、メルセデス・ベンツの伝統を受け継ぎながらも、大きく変わったのがひと目で分かる。シフトレバーがステアリングコラムに移動し、センターコンソールには回転式のコマンドコントローラーが設けられたからだ。
　すでにBMW7シリーズなどが採用した方法だが、メルセデス・ベンツも今回のSクラスでインパネ回りの操作系を一気に革新してきた。
　試乗の際にコントローラーの操作性を十分にチェックする余裕はなかったが、操作した範囲内ではマニュアルを見ずにいきなり操作しても案外思い通りの操作が可能だった。直感によって操作をしやすいようなロジックが組まれている。
　コントローラーを採用したことで、インパネのスイッチはエアコン系を中心に整理されたものになり、液晶画面が高い位置に配置された見やすいものになった。
　居住空間は十分な広さが確保されている。ボディサイズが拡大されたのに対応して、運転席回りは頭上、肩肘回り、足元などの余裕が拡大したし、後席の足元などはさらにゆったりしたものになった。

伸びやかなサイドビューに加え、走り去る姿も美しいSクラスのリアビュー。

高い質感を備えたインテリアは、センターコンソールにシフトレバーがなく、コマンドコントローラーが配置される。

インテリア回りのクオリティの高さはさすがにメルセデス・ベンツ、さすがにSクラスという印象。高級なウッドトリム、クロームのトリム、アルミ製のスイッチ、本革シートなど、さまざまな素材を見事に配置して高級感にあふれた室内をつくっている。

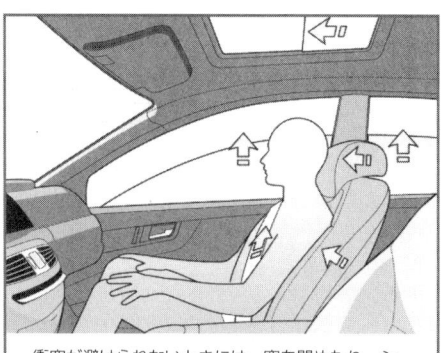

衝突が避けられないときには、窓を閉めたり、シートベルトを巻き上げるなど事前に衝突に対応。

●試乗インプレッション

Sクラスには最初にヨーロッパで試乗した。試乗コースはイタリアのミラノからアルプスを越えてスイスのサンモリッツまでの270kmを半日ほどで駆け抜けるもの。高速道路からワインディング、市街地までさまざまなシーンが用意されており、Sクラスを試乗するのにふさわしい長距離ドライブのコースだった。

試乗したのは搭載エンジンが新しくなったS350、S550、S550Lの3モデル。この時点では、V型8気筒エンジンを搭載したモデルはS500、S500Lと呼ばれていた。また、V型12気筒エンジンを搭載するS600はまだ発売されていなかった。S350に搭載のV型6気筒3.5リッターのDOHCエンジンは、200kW／350N・mというパワー＆トルクを発生する。

3.8リッターのSOHCエンジンを搭載した従来のS350と比べても、大幅な性能向上が図られている。7速ATの7Gトロニックとの組み合わせにより、滑らかで力強い走りを見せる。発進から高速域に至るまで、少ないショックで気持ち良く加速していくのだ。新型Sクラスの重量はかなり重いが、その重さを感じさせない走りである。

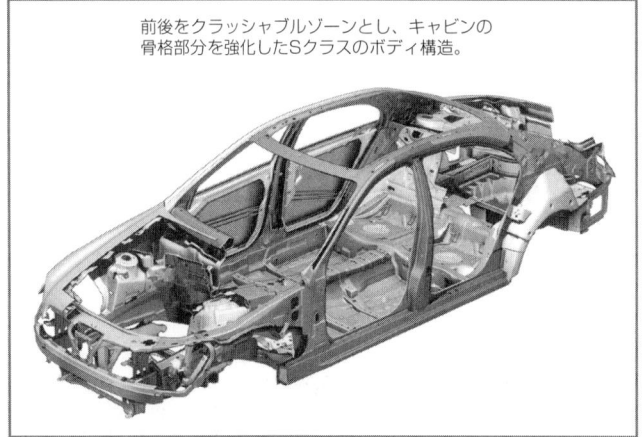

S550は標準とロングの両方に試乗した。搭載されるのは、こちらも新開発のV型8気筒5.5リッターエンジンで、やはりDOHC方式を採

前後をクラッシャブルゾーンとし、キャビンの骨格部分を強化したSクラスのボディ構造。

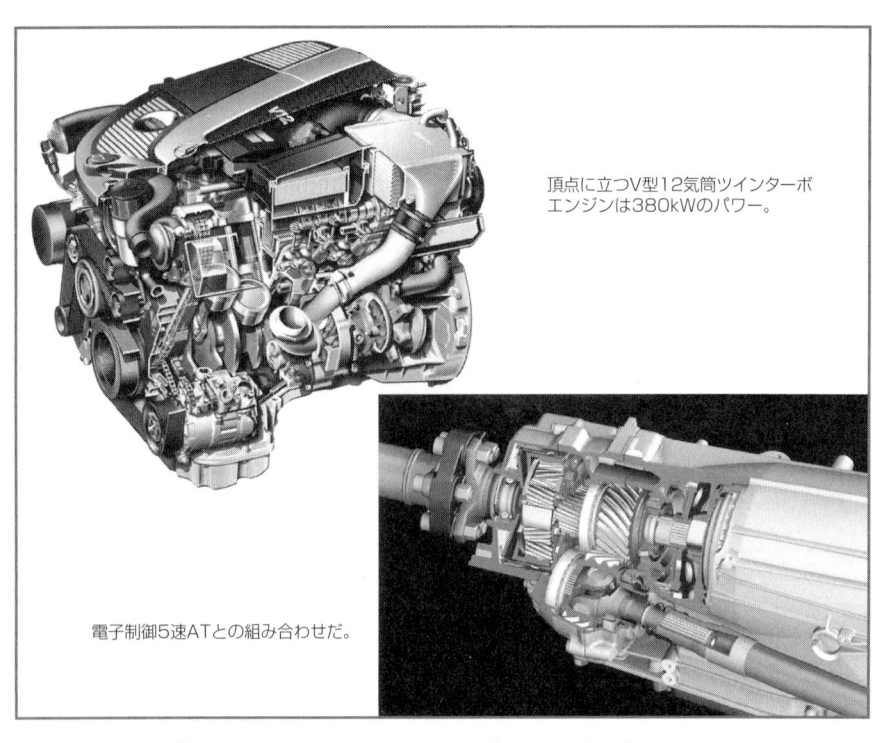

頂点に立つV型12気筒ツインターボエンジンは380kWのパワー。

電子制御5速ATとの組み合わせだ。

用する。動力性能は285kW／530N・mに達しており、豪快な加速フィールを味わわせてくれる。アクセルワークに素直な直線的な吹き上がりとそれに伴うパワーの盛り上がりは、並みの高級車とは異なる実力だ。

　試乗したS350、S550とも電子制御のAIRマティックサスペンションが採用されていた。ドライバーの好みに応じて調整が可能で、乗り心地と安定性を高次元で両立させるものだが、実際に走らせた印象ではSモードでの走りがバランスに優れたものだった。コーナーでのロールを抑えた走りに加え、荒れた路面をうまくいなしてくれるので、乗り心地にも優れている。市街地などではCモードの快適性も魅力だが、Sモードのままでずっと走っても良い。

コマンドコントローラーで各種の機器類を操作する。

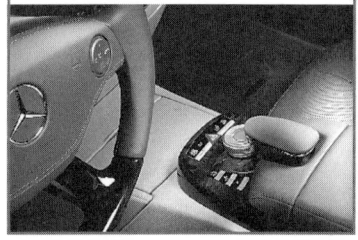

●購入アドバイス

　2005年秋のフランクフルトショーで発表された後、わずか1か月ほどで日本でも発表されたのは、この年の秋にスタートしたトヨタのレクサ

ス店の展開なども影響していると思う。ただ、この時点で発売されたレクサスはISやGS、SCというラインナップなので、Sクラスとは競合しないモデルであったが、トヨタがメルセデスを大いに意識してレクサス店を立ち上げたように、メルセデスのほうでもトヨタの手法に無関心ではいられなかったのであろう。

Sクラスと同じ1000万円級のラグジュアリーカーは、最近ではBMW7シリーズ、アウディA8、ジャガーXJ、キャディラックSTSなど、輸入車の中に競合モデルが増えて

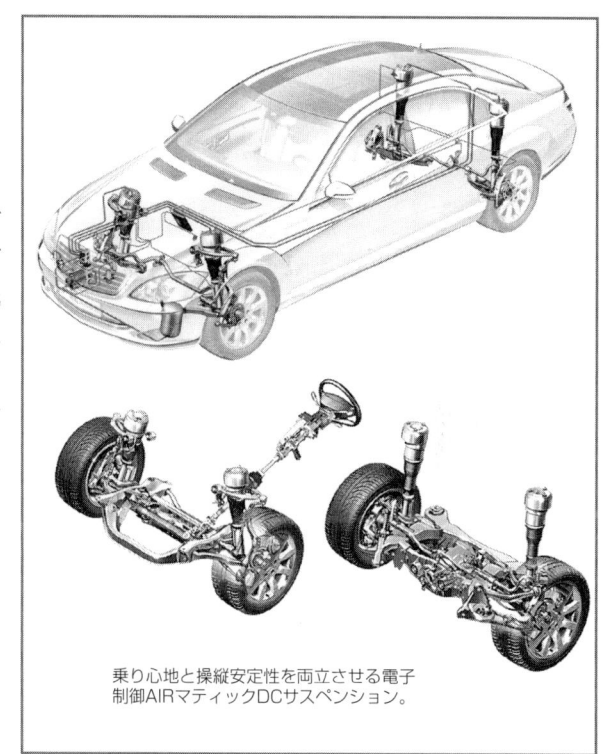

乗り心地と操縦安定性を両立させる電子制御AIRマティックDCサスペンション。

いる。少量販売車種を加えれば、さらにいろいろな車種がラインナップされている。

そんなあまたのラグジュアリーカーの中でも、圧倒的な存在感を示すのがメルセデス・ベンツSクラスだ。これは今回で8代目に当たるという長い歴史を持つとともに、そのあいだに世界中の自動車ユーザーから高い信用を得るだけのクルマづくりを続けてきたことによる。

Sクラスの良さは、ベースモデルとなるS350でも十分に味わうことができる。金持ちユーザーの買うモデルだけに、S550やS600がよく売れているようだが、取りあえずS350を選べば十分に満足できる。もちろん、お金に余裕があるならS550やS600を選べば良い。超豪華な内装の仕様などが、大きな満足感を与えてくれる。

Sクラス価格表

モデル名（ステアリング）	メーカー希望小売価格
S 350（左/右）	¥9,960,000
S 550（左/右）	¥12,700,000
S 550 4MATIC（左）	¥13,300,000
S 550 ロング（左/右）	¥14,100,000
S 600 ロング（左）	¥19,800,000
S 63 AMG ロング（左/右）	¥20,900,000
S 65 AMG ロング（左）	¥28,800,000

Sクラス諸元表

			S 350	S 550	S 550 4MATIC	S 550 ロング
全長		mm	5,075	5,075	5,075	5,205
全幅		mm	1,870	1,870	1,870	1,870
全高		mm	1,485	1,485	1,485	1,485
ホイールベース		mm	3,035	3,035	3,035	3,165
トレッド 前/後		mm	1,605/1,605	1,605/1,605	1,605/1,605	1,605/1,605
最低地上高		mm	145	145	135	145
トランクスペース (VDA方式)		リッター	524	524	524	524
車両重量		kg	1,900	1,950	2,020	2,060
乗車定員		名	5	5	5	5
最小回転半径		m	5.8	5.8	5.9	6.0
10・15モード燃費		km/リッター	8.4	6.7	6.6	6.7
エンジン型式			272	273	273	273
種類・シリンダー数			DOHC V型6気筒	DOHC V型8気筒	DOHC V型8気筒	DOHC V型8気筒
総排気量		cc	3,497	5,461	5,461	5,461
ボア×ストローク		mm	92.9×86.0	98.0×90.5	98.0×90.5	98.0×90.5
圧縮比			10.7	10.5	10.5	10.5
最高出力 (EEC)		kW(ps)/rpm	200(272)/6,000	285(387)/6,000	285(387)/6,000	285(387)/6,000
最大トルク (EEC)		Nm(kg·m)/rpm	350(35.7)/2,400~5,000	530(54.0)/2,800~4,800	530(54.0)/2,800~4,800	530(54.0)/2,800~4,800
使用燃料・燃料タンク容量		リッター	無鉛プレミアム・90	無鉛プレミアム・90	無鉛プレミアム・90	無鉛プレミアム・90
ステアリング			左/右	左/右	左	左/右
トランスミッション			電子制御7速A/T	電子制御7速A/T	電子制御7速A/T	電子制御7速A/T
ブレーキ	(前)		ベンチレーテッドディスク	ベンチレーテッドディスク	ベンチレーテッドディスク	ベンチレーテッドディスク
	(後)		ディスク	ディスク	ベンチレーテッドディスク	ディスク
タイヤサイズ	(前)		255/45R18	255/45R18	255/45R18	255/45R18
	(後)		255/45R18	255/45R18	255/45R18	255/45R18

			S600 ロング	S 63 AMG ロング	S 65 AMG ロング
全長		mm	5,025	5,245	5,245
全幅		mm	1,870	1,870	1,870
全高		mm	1,485	1,485	1,485
ホイールベース		mm	3,165	3,165	3,165
トレッド 前/後		mm	1,605/1,605	1,605/1,605	1,605/1,605
最低地上高		mm	145	145	145
トランクスペース (VDA方式)		リッター	524	524	524
車両重量		kg	2,190	2,190	2,280
乗車定員		名	5	5	5
最小回転半径		m	6.0	6.0	6.0
10・15モード燃費		km/リッター	5.9	5.3	—
エンジン型式			275	156	275982
種類・シリンダー数			SOHC V型12気筒ツインターボチャージャー付	DOHC V型8気筒	SOHC V型12気筒ツインターボチャージャー付
総排気量		cc	5,513	6,208	5,980
ボア×ストローク		mm	82.0×87.0	102.2×94.6	82.6×93.0
圧縮比			9.0	11.3	9.0
最高出力 (EEC)		kW(ps)/rpm	380(517)/5,000	386(525)/6,800	450(612)/4,800~5,100
最大トルク (EEC)		Nm(kg·m)/rpm	830(84.6)/1,900~3,500	630(64.2)/5,200	1,000(102.0)/2,000~4,000
使用燃料・燃料タンク容量		リッター	無鉛プレミアム・90	無鉛プレミアム・90	無鉛プレミアム・90
ステアリング			左	左/右	左
トランスミッション			電子制御5速A/T	電子制御7速A/T	電子制御5速A/T
ブレーキ	(前)		ベンチレーテッドディスク	ベンチレーテッドディスク	ベンチレーテッドディスク
	(後)		ベンチレーテッドディスク	ベンチレーテッドディスク	ベンチレーテッドディスク
タイヤサイズ	(前)		255/45R18	255/40ZR19	255/40ZR19
	(後)		275/45R18	275/40ZR19	275/40ZR19

■SLKクラス

●プロフィール

　1990年代にライトウエイトスポーツのブームの盛り上がる中で、メルセデス・ベンツも1997年に初代SLKを投入した。コンパクトなサイズのオープンで、スポーティさと同時にラグジュアリーさも備えるモデルだった。

　現行モデルは2代目で、2004年9月にデビューした。初代モデルに比べるとエンジンやボディ、シャシーなどクルマの基本性能の部分が大幅に強化されると同時に、インテリアの仕様なども向上させ、コンパクトなプレミアムスポーツとしての存在を際立たせた。

　初代モデルに比べるとひと回り大きくなった2代目SLKの外観デザインは、SLクラスというかマクラーレンSLRのデザインモチーフを取り入れたものとされ、一段とダイナミックなものに

電動開閉式のバリオルーフは22秒ほどで開閉が可能。

フロント回りのデザインはマクラーレンSLRをほうふつとさせるもの。

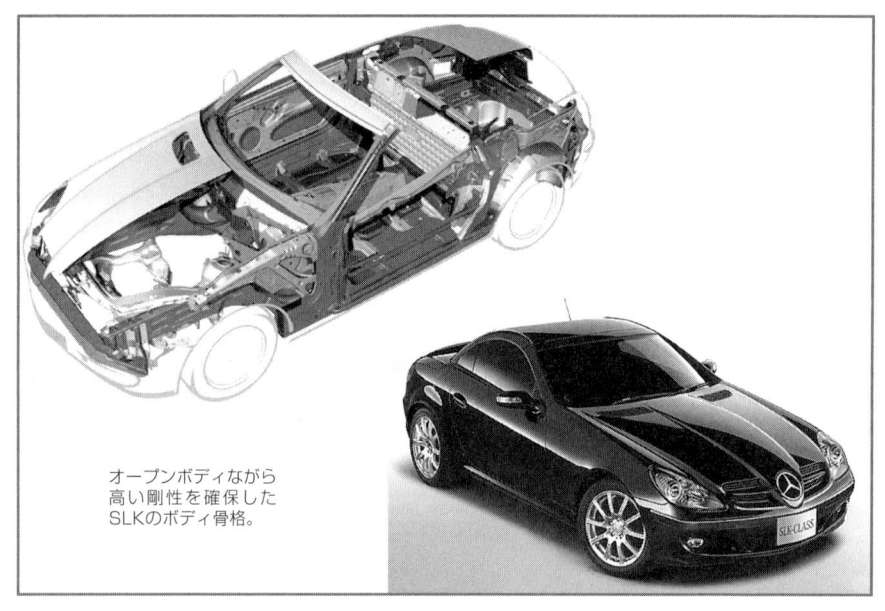

オープンボディながら
高い剛性を確保した
SLKのボディ骨格。

フロント3リンク式、リアマルチリンク式サスペンション。

なった。電動開閉式ハードトップのバリオルーフは新しい機構を採用して開閉時間を短縮すると同時に、ルーフを開いたときのトランク容量も拡大した。

　デビューした当初はSLK350とSLK55AMGの2モデルがラインナップされていたが、現在は、これにSLK200コンプレッサーやSLK280が加わっている。

●試乗インプレッション

　SLK350に試乗してまず感じたのはボディのしっかり感だ。オープンボディとは思えないような剛性感のあるクルマづくりは、さすがにメルセデス・ベンツと思わせるところがある。そもそもSLKは初代モデルの段階からボディの剛性感を特徴とした。同じ時期にデビューしたポルシェ・ボクスターと比べても、格段にしっかりした乗り味を備えたクルマだった。その剛性ボディがさらに強化されたのだから、オープン

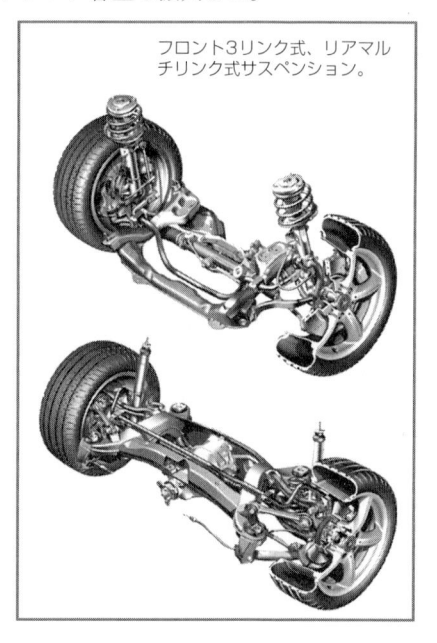

カーとは思えないような走りを実現しているのも当然である。

V型6気筒の3.5リッターエンジンは現在のメルセデス・ベンツに幅広く搭載されているエンジンで、最新の制御を取り入れることで200kW／350N・mのパワー＆トルクを発生する。SLKの車両重量はこのエンジンを搭載す

バケットタイプのシートはオプションで本革シートが用意される。

るモデルとしてはかなり軽く、1500kgを切るくらいの水準に抑えられているため、とても軽快な加速フィールが味わえる。7Gトロニックはショックの少ない滑らかな変速を実現する。

前後異サイズのタイヤを履き、後輪にマルチリンク式のサスペンションを採用した足回りは安定感がいっぱい。初代モデルに比べるとトレッドが拡大されているので、これもコーナリング時の安定性を高めるのに貢献している。

●購入アドバイス

初代モデルに比べて大きく性能アップしたのに対応し、価格もグンと高くなったのが2代目モデルのSLK。現在ではSLK200コンプレッサーがベーシックグレードとして設定されているが、それでも550万円台の価格はかなりの高水準だ。

しかも、SLKらしいスポーティな走りを楽しもうと思ったら、SLK280以上のモデルを選ぶことが必要。SLK280だと600万円台で、SLK350はデビューした当初は600万円台後半だったものの、現在では700万円を超えている。このどちらかを選ぶしかない。

オープンカーという性格上、これをファーストカーとして使うのは無理がある。2人しか乗れないし、荷物も積めないから実用性に欠けるのだ。お金に余裕のあるユーザーがセカンドカーとして使うクルマである。

SLKクラス価格表

モデル名（ステアリング）	メーカー希望小売価格
SLK 200 コンプレッサー（右）	¥5,520,000
SLK 280（右）	¥6,150,000
SLK 350（左/右）	¥7,220,000
SLK 55 AMG（左）	¥10,200,000

SLKクラス価格表

			SLK 200 コンプレッサー	SLK 280	SLK 350
全長		mm	4,090	4,090	4,090
全幅		mm	1,810	1,810	1,810
全高		mm	1,300	1,300	1,300
ホイールベース		mm	2,430	2,430	2,430
トレッド 前/後		mm	1,530/1,550	1,530/1,550	1,525/1,550
最低地上高		mm	125	125	125
トランクスペース (VDA方式)		リッター	185(ルーフ格納時)/277	185(ルーフ格納時)/277	185(ルーフ格納時)/277
車両重量		kg	1,420	1,470	1,490
乗車定員		名	2	2	2
最小回転半径		m	4.9	4.9	4.9
10・15モード燃費		km/リッター	10.8	9.8	9.3
エンジン型式			271	272M30	272
種類・シリンダー数			DOHC直列4気筒 スーパーチャージャー付	DOHC V型6気筒	DOHC V型6気筒
総排気量		cc	1,795	2,996	3,497
ボア×ストローク		mm	82.0×85.0	88.0×82.1	92.9×86.0
圧縮比			9.3	11.3	10.7
最高出力 (EEC)		kW(ps)/rpm	120(163)/5,500	170(231)/6,000	200(272)/6,000
最大トルク (EEC)		Nm(kg·m)/rpm	240(24.5)/3,000〜4,000	300(30.6)/2,500〜5,000	350(35.7)/2,400〜5,000
使用燃料・燃料タンク容量		リッター	無鉛プレミアム・70	無鉛プレミアム・70	無鉛プレミアム・70
ステアリング			右	右	右
トランスミッション			電子制御5速A/T	電子制御7速A/T	電子制御7速A/T
ブレーキ	(前)		ベンチレーテッドディスク	ベンチレーテッドディスク	ベンチレーテッドディスク
	(後)		ディスク	ディスク	ディスク
タイヤサイズ	(前)		205/55R16	205/55R16	225/45R17
	(後)		225/50R16	225/50R16	245/40R17

			SLK 55 AMG	SLK 55 AMG パフォーマンスパッケージ
全長		mm	4,095	4,095
全幅		mm	1,810	1,810
全高		mm	1,285	1,285
ホイールベース		mm	2,430	2,430
トレッド 前/後		mm	1,525/1,550	1,525/1,550
最低地上高		mm	120	120
トランクスペース (VDA方式)		リッター	185(ルーフ格納時)/277	208(ルーフ格納時)/300
車両重量		kg	1,550	1,550
乗車定員		名	2	2
最小回転半径		m	4.9	4.9
10・15モード燃費		km/リッター	6.9	6.9
エンジン型式			113M55	113M55
種類・シリンダー数			SOHC V型8気筒	SOHC V型8気筒
総排気量		cc	5,438	5,438
ボア×ストローク		mm	97.0×92.0	97.0×92.0
圧縮比			11.0	11.0
最高出力 (EEC)		kW(ps)/rpm	265(360)/5,750	265(360)/5,750
最大トルク (EEC)		Nm(kg·m)/rpm	510(52.0)/4,000	510(52.0)/4,000
使用燃料・燃料タンク容量		リッター	無鉛プレミアム・70	無鉛プレミアム・70
ステアリング			左	左
トランスミッション			電子制御7速A/T	電子制御7速A/T
ブレーキ	(前)		ベンチレーテッドディスク	ベンチレーテッドディスク
	(後)		ベンチレーテッドディスク	ベンチレーテッドディスク
タイヤサイズ	(前)		225/40R18	225/40R18
	(後)		245/35R18	245/35R18

■SLクラス

●プロフィール

　メルセデス・ベンツの最高級スポーツカーとなるのがSLクラス。メルセデス・ベンツのスポーツカーづくりを象徴するモデルであり、そのルーツは1950年代に発売された300SLにまで遡ることができる。ガルウイングを特徴とする300SLは、今でも自動車史に残る1台として記憶されている。ちなみに、SLとはスーパーライトを意味する。ただ、5代目に当たる現行モデルのSLは、最も重いSL65AMGでは2トンを超えている。とてもではないが、スーパーライトではなくなっている。

　フロントにツインヘッドライトを持つロングノーズのボディは、2シーター車ならではの美しいルーフラインを描いている。そのバリオルーフはわずか16秒で開閉する電動式のハードトップで、オープンカーの爽快さとクーペの快適性を両立させている。従来のSLでも脱着式のハードトップを設けるなど、クーペとオープンの両立は以前からSLのテーマとされていたものだ。

　現行モデルが発売されたのは2001年10月で、当初はV型8気筒の5.0リッターエンジンを搭載していたが、現在ではV型6気筒の3.5

メルセデス・ベンツのスポーツカーの伝統を今に受け継ぐSLクラス。

ロングノーズの大胆なスタイリングはSLクラスならではのもの。

リッターからV型8気筒の5.5リッター、V型12気筒の5.5リッターのツインターボ仕様が搭載されている。ほかにAMGモデルがあり、こちらはV型8気筒5.5リッターのスーパーチャージャー仕様と、V型12気筒6.0リッターのツインターボ仕様が搭載されている。

運転席はタイトなコクピット空間が演出されている。

●試乗インプレッション

試乗したSL550の車両重量は1870kgに達するが、それでもメルセデス・ベンツのV型8気筒5.5リッターエンジンを搭載するモデルとしては最も軽い。

新世代の4バルブDOHCエンジンは滑らかに吹き上がると同時に力強い加速を見せる。アクセルを踏み込んでいくとタコメーターの針が6000回転を超えるところまで一気に吹き上がって2速にシフトアップするが、この間の加速が実に速くて力強いのだ。

AMGスポーツパッケージを装着したリアビュー。

箱根のワインディングを走るようなシーンでは、ステアリングの裏側に設けられたパドルによってシフト操作が可能。7Gトロニックはパドル操作に応じてレスポンスに優れた素早い変速を実現する。

電子制御でボディをコントロールするABCを装備。

前輪が40、後輪が35という超偏平タイヤを履くこともあって、コーナーなどでは極めて高い操縦安定性を発揮する。そのわりには乗り心地があまりスポイルされていないのも好感できるポイントだ。第二世代に変

オープン状態での伸び伸びしたスタイリング。

バリオルーフはわずか16秒で開閉操作が可能。

わったアクティブ・ボディ・コントロールが、より乗り心地に配慮した設定になったからだ。

SL55AMGパフォーマンスパッケージになると、走りのフィールは一段と豪快なものになる。

搭載エンジンはV型8気筒5.5リッターのSOHCで、スーパーチャージャー仕様によって実に380kW（517ps）のパワーと720N・mのトルクを発生する。しかも、この最大トルクは2600回転から4000回転までの幅広い回転域で発生されるから、ちょっとアクセルを踏み込んだだけで暴力的ともいえるような豪快な加速フィールが得られる。

停止状態からアクセルを踏み込むと、ホイールスピンを起こしながらの加速を示す。すぐにトラクションコントロールがタイヤの空転を抑えてくれるが、この加速感は半端ではない。

ATは7Gトロニックではなく電子制御式の5速となるが、これだけの圧倒的なパワー＆トルクがあると、ATの段数などは問題ではなくなる。マニュアルモードを選択すれば、ステアリングホイール裏側のパドルによってシフトアップ／ダウンの操作も可能。ただ、シフトレバーをわずかに左右に動かすだけでシフトチェンジが可能なティップシフトが基本なので、これを使えば十分という感じだ。

●購入アドバイス

SL350までも1000万円を超える価格が設定されている。いずれにしても、一般のユーザーには憧れるだけのクルマになってしまう。SLを買えるだけの1000万円を超える予算を用意できるなら、SL350ではなくSL550を選びたい。価格は1500万円に達するが、SLにふさわしい圧倒的な走りのパフォーマンスが得られるのはSL550以上だ。

SLクラス価格表

モデル名（ステアリング）	メーカー希望小売価格
SL 350 （左/右）	¥11,300,000
SL 550 （左）	¥15,000,000
SL 600 （左）	¥18,600,000
SL 55 AMG （左）	¥18,000,000
SL 55 AMG パフォーマンスパッケージ （左）	¥19,500,000
SL 65 AMG （左）	¥28,000,000

SLクラス諸元表

			SL 350	SL 550	SL 600
全長		mm	4,540	4,540	4,540
全幅		mm	1,830	1,830	1,830
全高		mm	1,315	1,295	1,300
ホイールベース		mm	2,560	2,560	2,560
トレッド 前/後		mm	1,560/1,535	1,570/1,550	1,560/1,535
最低地上高		mm	135	125	125
トランクスペース(VDA方式)※		リッター	206 (ルーフ格納時) /288 (310)	206 (ルーフ格納時) /288 (310)	206 (ルーフ格納時) /288 (310)
車両重量		kg	1,780	1,870	1,980
乗車定員		名	2	2	2
最小回転半径		m	5.1	5.1	5.1
10・15モード燃費		km/リッター	8.5	7.1	5.8
エンジン型式			272	273	275
種類・シリンダー数			DOHC V型6気筒	DOHC V型8気筒	SOHC V型12気筒 ツインターボチャージャー
総排気量		cc	3,497	5,461	5,513
ボア×ストローク		mm	92.9×86.0	98.0×90.5	82.0×87.0
圧縮比			10.7	10.5	9.0
最高出力 (EEC)		kW(ps)/rpm	200(272)/6,000	285(387)/6,000	380(517)/5,000
最大トルク (EEC)		Nm(kg･m)/rpm	350(35.7)/2,400〜5,000	530(54.0)/2,800〜4,800	830(84.6)/1,900〜3,500
使用燃料・燃料タンク容量		リッター	無鉛プレミアム・80	無鉛プレミアム・80	無鉛プレミアム・80
ステアリング			左/右	左	左
トランスミッション			電子制御7速A/T	電子制御7速A/T	電子制御5速A/T
ブレーキ	(前)		ベンチレーテッドディスク	ベンチレーテッドディスク	ベンチレーテッドディスク
	(後)		ディスク	ベンチレーテッドディスク	ベンチレーテッドディスク
タイヤサイズ	(前)		255/40R18	255/40R18	255/40R18
	(後)		285/35R18	285/35R18	285/35R18

			SL 55 AMG	SL 55 AMG パフォーマンスパッケージ	SL 65 AMG
全長		mm	4,540	4,540	4,540
全幅		mm	1,830	1,830	1,830
全高		mm	1,295	1,295	1,295
ホイールベース		mm	2,560	2,560	2,560
トレッド 前/後		mm	1,570/1,555	1,570/1,555	1,570/1,555
最低地上高		mm	125	125	125
トランクスペース(VDA方式)※		リッター	206 (ルーフ格納時) /288 (310)	206 (ルーフ格納時) /288 (310)	206 (ルーフ格納時) /288 (310)
車両重量		kg	1,960	1,980	2,030
乗車定員		名	2	2	2
最小回転半径		m	5.1	5.1	5.1
10・15モード燃費		km/リッター	6.3	6.3	−
エンジン型式			113M55	113M55	275981
種類・シリンダー数			SOHC V型8気筒 スーパーチャージャー	SOHC V型8気筒 スーパーチャージャー	SOHC V型12気筒 ツインターボチャージャー
総排気量		cc	5,438	5,438	5,980
ボア×ストローク		mm	97.0×92.0	97.0×92.0	82.6×93.0
圧縮比			9.0	9.0	9.0
最高出力 (EEC)		kW(ps)/rpm	380(517)/6,100	380(517)/6,100	450(612)/4,800〜5,100
最大トルク (EEC)		Nm(kg･m)/rpm	720(73.4)/2,600〜4,000	720(73.4)/2,600〜4,000	1,000(102.0)/2,000〜4,000
使用燃料・燃料タンク容量		リッター	無鉛プレミアム・80	無鉛プレミアム・80	無鉛プレミアム・80
ステアリング			左	左	左
トランスミッション			電子制御5速A/T	電子制御5速A/T	電子制御5速A/T
ブレーキ	(前)		ベンチレーテッドディスク	ベンチレーテッドディスク	ベンチレーテッドディスク
	(後)		ベンチレーテッドディスク	ベンチレーテッドディスク	ベンチレーテッドディスク
タイヤサイズ	(前)		255/35R19	255/35R19	255/35ZR19
	(後)		285/30R19	285/30R19	285/30ZR19

※：バリオルーフクローズ時はトランク内ラゲッジカバーが脱着可能。この場合、トランクスペースの容量が22リッター拡大する。

■CLクラス

●プロフィール

　メルセデス・ベンツのフラッグシップクーペとなるのがCLクラス。Sクラス系のプラットホームや基本コンポーネンツを使ってつくられる最高級のラグジュアリークーペだ。Sクラスの場合には、オーナーが後席に座ることも多いが、CLクラスはオーナー自らがハンドルを握るパーソナルカーである点が、ドア数以上に大きな違いである。

　最高級のクーペらしく、堂々たるサイズのボディは格調の高いデザインが採用され、プレミアム性、ステイタス性、ラグジュアリーさなどをいっぱいに表現している。サッシュレスドアを採用するのはメルセデス・ベンツの高級クーペの伝統でもある。

　インテリア回りに目を向けても、セミアリニンレザーの本革シートやウッドパネルなど、単にラグジュアリーというのでは言葉が足らず、贅を尽くしたというほうが似合うような仕様が用意されている。

　もちろん、安全性、快適性、上質さ、信頼性、耐久性など、メルセデス・ベンツが本来的に持つ魅力はそのままに、ラグジュアリーなクーペがつくられている。安全性

Sクラスの基本プラットホームや基本コンポーネンツを使ってつくられたラグジュアリーなクーペがCLクラス。

に関しては、Sクラスから導入が始まったプロセーフという新しい総合的な安全思想が取り入れられているほか、夜間の安全性を高めるナイトビジョンも装備される。第二世代のアクティブ・ボディ・コントロールは操縦安定性と快適性を両立させるものだ。

● 試乗インプレッション

　試乗したCL550に搭載されるのはV型8気筒5.5リッターのDOHC。SクラスやEクラスにも搭載される新世代の4バルブDOHCエンジンだ。CLクラスにはV型12気筒＋ツインターボを搭載したCL600の設定もあるが、このCL550でも十分すぎるくらいにパワフルな走りを実現する。285kWのパワーは馬力に換算すると400ps近いものだし、トルクも530N・mという数値である。
　アクセルを軽く踏み込んだだけでも余裕十分の走りを感じさせ、さらに踏み込めば豪快な加速フィールを味わわせてくれる。7Gトロニックは相変わらず滑らかな変速を実現し、いつ何速に入ったのかが分からないほどだ。ステアリングの裏側にあるスイッチを操作してマニュアル車感覚の走りを楽しむことも可能だが、エンジンもATも余分な変速操作を必要としないくらいのデキである。
　18インチの45タイヤを履くわりには、乗り心地の良さも特筆モノといえるレベル。メルセデス・ベンツらしいどっしりした安定感のある走りを実現すると同時に高いレベルの快適性も確保している。

電子制御でボディの挙動を安定させるアクティブ・ボディ・コントロール(ABC)。

380kWの圧倒的なパワーを発生するV型12気筒6.0リッターツインターボエンジン。

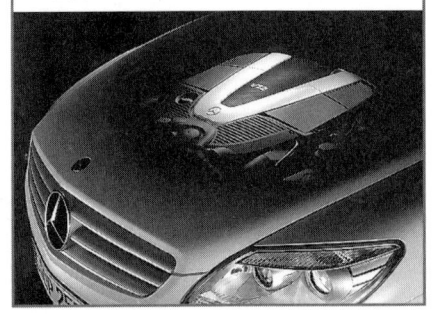

● 購入アドバイス

　CL550は本体価格ベースで1500万円を超

え、試乗車はフルレザー仕様などのオプションによって1600万円近い価格になっていた。さすがに誰にでも買えるクルマではないが、ベントレーやアストンマーチンなどの参入で競合が激化している高級クーペ市場で、年間1200台ほどの市場規模の半分くらいのシェアを占めるものと見られている。

ベントレーやアストンマーチンを買うのに比べれば、信頼性の高さやアフターサービスネットワークの充実度の高さで格段に優位に立つのがCLクラスだ。冒険を避けた安全過ぎる選択になるかも知れないが、メルセデス・ベンツに乗る安心感は大きい。

シフトレバーを廃止してコントローラーを採用したCLクラスの運転席。

CLクラス価格表

モデル名（ステアリング）	メーカー希望小売価格
CL 550 （左/右）	¥15,200,000
CL 600 （左）	¥19,700,000
CL 63 AMG （左）	¥21,100,000
CL 65 AMG （左）	¥28,800,000

CLクラス諸元表

		CL 550	CL 550 AMG スポーツパッケージ	CL 600	CL 63 AMG
全長	mm	5,075	5,080	5,075	5,085
全幅	mm	1,870	1,870	1,870	1,870
全高	mm	1,420	1,420	1,420	1,420
ホイールベース	mm	2,955	2,955	2,955	2,955
トレッド 前/後	mm	1,600/1,605	1,600/1,605	1,600/1,605	1,600/1,605
最低地上高	mm	130	130	130	130
トランクスペース (VDA方式)	リッター	440	440	440	440
車両重量	kg	2,000	2,020	2,120	2,110
乗車定員	名	4	4	4	4
最小回転半径	m	5.4	5.4	5.4	5.4
10・15モード燃費	km/リッター	6.2	6.2	5.7	5.4
エンジン型式		273	273	275	156
種類・シリンダー数		DOHC V型8気筒	DOHC V型8気筒	SOHC V型12気筒 ツインターボチャージャー	DOHC V型8気筒
総排気量	cc	5,461	5,461	5,513	6,208
ボア×ストローク	mm	98.0×90.5	98.0×90.5	82.0×87.0	102.2×94.6
圧縮比		10.5	10.5	9.0	11.3
最高出力 (EEC)	kW(ps)/rpm	285(387)/6,000	285(387)/6,000	380(517)/5,000	386(525)/6,800
最大トルク (EEC)	Nm(kg·m)/rpm	530(54.0)/2,800〜4,800	530(54.0)/2,800〜4,800	830(84.6)/1,900〜3,500	630(64.2)/5,200
使用燃料・燃料タンク容量	リッター	無鉛プレミアム・90	無鉛プレミアム・90	無鉛プレミアム・90	無鉛プレミアム・90
ステアリング		左/右	左/右	左	左
トランスミッション		電子制御7速A/T	電子制御7速A/T	電子制御5速A/T	電子制御7速A/T
ブレーキ	(前)	ベンチレーテッドディスク	ベンチレーテッドディスク	ベンチレーテッドディスク	ベンチレーテッドディスク
	(後)	ディスク	ディスク	ベンチレーテッドディスク	ベンチレーテッドディスク
タイヤサイズ	(前)	255/45R18	255/40R19	255/45R18	255/40ZR19
	(後)	255/45R18	275/40R19	275/45R18	275/40ZR19

■Mクラス

●プロフィール

アメリカ市場でハリアー（レクサスRX）など、高級SUVが好調な売れ行きを示していたため、そうした需要に対応しようと主にアメリカ向けに開発され、アメリカのアラバマ工場で生産されるモデル。

1998年に発売された初代モデルはあまりにも大味な走りのフィールで、メルセデス・ベンツもアメリカで開発・生産するとアメリカ車的になってしまうのかと思わせたが、日本で2005年10月に発売された2代目モデルでは、しっかりしたボディとしゃきっとした走りを見せ、メルセデス・ベンツの名に恥じないクルマに仕上げられた。

2代目モデルの外観デザインは初代モデルのイメージを踏襲したものになったが、ボディサイズはひと回り大きくなって堂々たるSUVらしさが表現されている。ただ、ボディの全幅が1915mmになると、さすがに大きくなりすぎて、日本では使い勝手の悪い面も出てくるが、こうした大きさに価値を感じるタイプのユーザーがいるのも確か。そんなユーザーにとっては、ドイツ車の高い信頼性を確保した魅力的なアメリカンSUVとして受け入れられるのだと思う。

インテリア回りのデザインも初代モデルのアメリカ車感覚のものから、本革シートやウッドパネルなどの自然素材を使うことなどによって、格段に質感を向上させている。ボディサイズの拡大によって室内空間は大き

アメリカのアラバマ工場で生産されるMクラス。

メルセデス・ベンツらしい堂々たる感じのMクラスのデザイン。

く広がり、ラゲッジスペースもたっぷりした容量が確保された。上級グレードのML500にはハーンカードンのプレミアムオーディオを装備するなど、高級感にあふれた仕様が用意される。快適装備はほかにカーナビが標準で、安全装備はESPやカーテンエアバッグなどが標準、充実した仕様となる。

木目パネルや本革シートなど、自然素材の採用で質感を高めたインテリア。

●試乗インプレッション

　2代目モデルでは、ボディがフレーム付きからモノコックボディに変更された。オンロードでの走りを重視して快適性の高いクルマに仕上げるための変更である。

　搭載されるエンジンはV型6気筒3.5リッターのDOHCとV型8気筒5.0リッターのSOHCの2機種。すでにメルセデス・ベンツのほかのモデルでおなじみのエンジンであり、ともに動力性能に不満はない。Mクラスの車両重量はモノコックボディ化されたといっても2トンを超える水準だが、どちらのエンジンもそれを問題にしないだけの動力性能を備えている。

　走りのパフォーマンスを考えたらML500の動力性能が注目されるところだが、バランスの良さというか、エンジンの吹き上がりフィールの良さ、トルクの出方のスムーズさなども合わせて考えると、ML350に搭載される3.5リッターエンジンのほうが好ましい印象だ。4バルブDOHC化された素性の良いエンジンであることが魅力の理由。さらにML500も含めて7Gトロニックの7速ATと組み合わせることで、滑らかな走りを実現している。

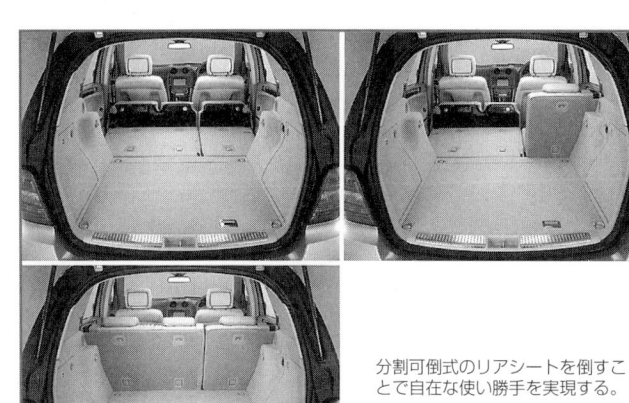

　ML500オフロードパッケージを装着

分割可倒式のリアシートを倒すことで自在な使い勝手を実現する。

4リンク式
リアサスペンション

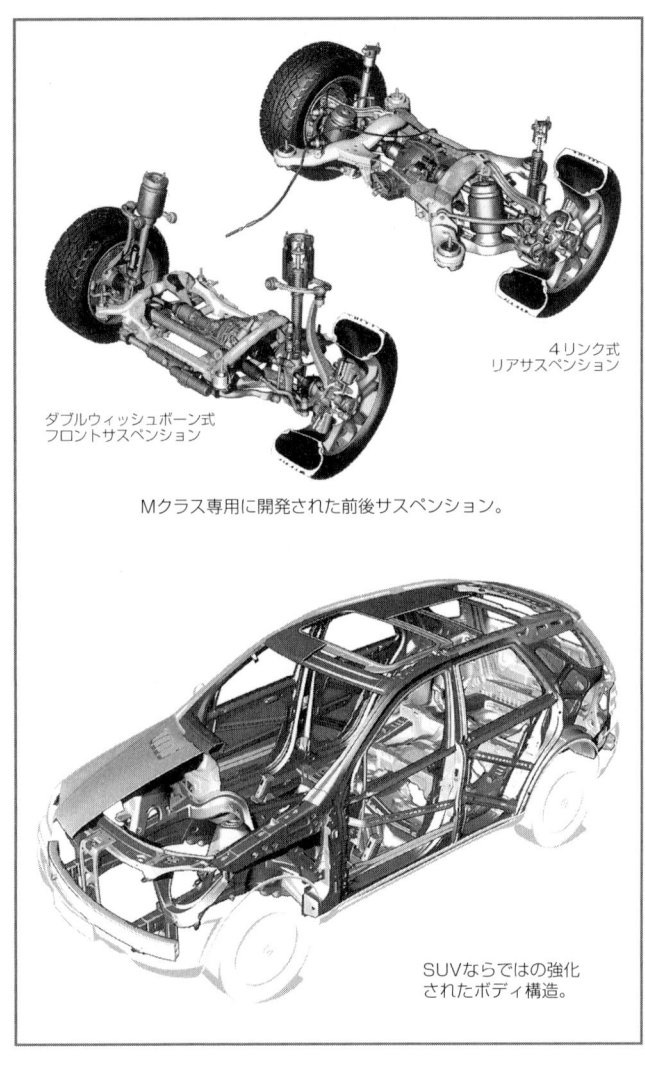

ダブルウィッシュボーン式
フロントサスペンション

Mクラス専用に開発された前後サスペンション。

SUVならではの強化
されたボディ構造。

したモデルによるオフロードの特設コースでの試乗では、非常に高い悪路走破性を発揮してくれた。

左右交互に突起と凹みが連続するモーグル状態の路面で1輪が浮くようなときにも、剛性の高いボディが確実に路面にトラクションを伝えるし、傾斜したバンク状の路面でも安定性が発揮され、急な下り坂で任意のスピードを維持するダウンヒルスピードレギュレーションや登り坂で停車から発進するときに手助けをしてくれるヒルスタートアシストなど、最新メカニズムもふんだんに取り入れられている。

4WDシステムは電子制御のスタンバイ4WDでオフロードパッケージの装着車ではデフロックなどが選べるが、相当に荒れた路面でも4WDオートの状態で難なくこなしてしまうだけの実力がある。

●購入アドバイス

　アメリカ車だった初代モデルからメルセデス・ベンツ車に変わった感のある2代目Mクラスだが、機能、性能、品質などが大幅に向上したこともあって、価格帯も大幅

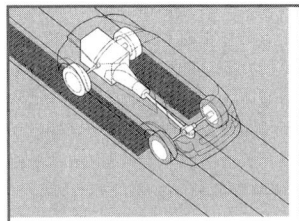

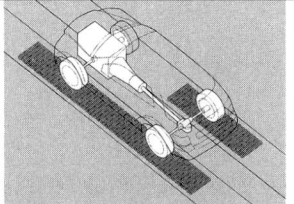

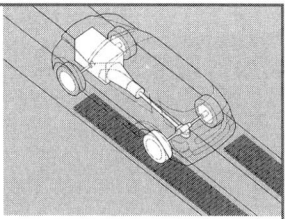

第2章 車種ガイド(Mクラス)

フルタイム4WDと4ESPとの組み合わせによって悪路登坂でも優れた走破性を確保。

に上昇している。

　ML350で722万円、ML500では977万円の価格だから、500万円を切って割安感を感じさせた初代モデルに比べ、簡単に手の届くクルマではなくなった感じ。強いていえば、ML350のほうが走りと価格がリーズナブルな印象で、Mクラスを買うなら、こちらがお勧めグレードとなる。

Mクラス価格表

モデル名（ステアリング）	メーカー希望小売価格
ML 350 4MATIC（右）	¥7,220,000
ML 500 4MATIC（右）	¥9,770,000
ML 63 AMG（右）	¥13,800,000

Mクラス諸元表

		ML 350 4MATIC	ML 500 4MATIC	ML 63 AMG
全長	mm	4,790	4,790	4,815
全幅	mm	1,910	1,910	1,950
全高	mm	1,815	1,815	1,775
ホイールベース	mm	2,915	2,915	2,915
トレッド 前/後	mm	1,625/1,630	1,620/1,620	1,645/1,650
最低地上高	mm	200	200	180
トランクスペース（VDA方式）	リッター	551～1,830	551～1,830	551～1,830
車両重量	kg	2,120	2,170	2,350※
乗車定員	名	5	5	5
最小回転半径	m	5.5	5.5	5.5
10・15モード燃費	km/リッター	7.9	6.2	5.1
エンジン型式		272	113	156
種類・シリンダー数		DOHC V型6気筒	SOHC V型8気筒	DOHC V型8気筒
総排気量	cc	3,497	4,965	6,208
ボア×ストローク	mm	92.9×86.0	97.0×84.0	102.2×94.6
圧縮比		10.7	10.0	11.3
最高出力（EEC）	kW(ps)/rpm	200(272)/6,000	225(306)/5,600	375(510)/6,800
最大トルク（EEC）	Nm(kg·m)/rpm	350(35.7)/2,400～5,000	460(46.9)/2,700～4,250	630(64.2)/5,200
使用燃料・燃料タンク容量	リッター	無鉛プレミアム・95	無鉛プレミアム・95	無鉛プレミアム・95
ステアリング		右	右	右
トランスミッション		電子制御7速A/T	電子制御7速A/T	電子制御7速A/T
ブレーキ	(前)	ベンチレーテッドディスク	ベンチレーテッドディスク	ベンチレーテッドディスク
	(後)	ディスク	ディスク	ベンチレーテッドディスク
タイヤサイズ	(前)	235/65R17	255/55R18	295/40R20
	(後)	235/65R17	255/55R18	295/40R20

※：ML 63 AMGの車両重量は、ガラス・スライディングルーフ装着時。

■Rクラス

●プロフィール

　Mクラスと同様に、アメリカ市場でミニバンがよく売れているのに対応して開発が進められたモデル。

　プラットホームはMクラスと共通のものとされ、やはりアメリカのアラバマ工場で生産される。大柄なサイズのラグジュアリーなミニバンだが、3列シートは当初の6人から7人乗りに変更されている。乗る人全員がゆったりした居住空間を堪能できる。

インテリア回りも高いクォリティにあふれている。

　ボディサイズは全長が5mに近く、全幅は1900mmを超えているから、まさにアメリカンサイズのミニバンだ。最小回転半径も5.9mとかなり大きいので、日本では取り回しに苦労するシーンもある。

　インテリア回りの仕様は、グレードによって本革シートやウッドパネルが標準またはオプションで用意され、全体にラグジュアリーな雰囲気にあふれている。安全装備はメルセデス・ベンツの最新の安全思想であるプロセーフに基づいた各種の仕様・装備が用意され、高い安全性が確保されている。

Rクラスは大柄なボディを持つアメリカンサイズの上級ミニバン。

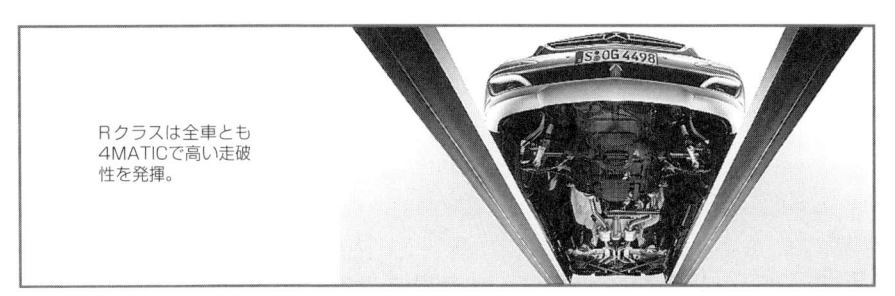

Rクラスは全車とも4MATICで高い走破性を発揮。

●試乗インプレッション

　搭載エンジンはV型6気筒3.5リッターのDOHCとV型8気筒5.0リッターのSOHCの2機種。いずれもメルセデス・ベンツのほかのモデルでおなじみのエンジンであり、ともに動力性能に不満はない。ただ、Rクラスは全車が4WDであるほか、3列シートの大柄なボディの分だけSUVのMクラスと比べても車両重量は重くなり、2.2トン前後の重量となる。さすがに軽快な走りというわけにはいかない。

　ミニバンのRクラスで積極的に走りを楽しもうというユーザーは少ないだろうが、R350では加速時などにもう少し力が欲しいという感じになることもある。

　これは同じエンジンを搭載するほかのメルセデス・ベンツ車がいずれも余裕十分の走りを示すのに対し、Rクラスではその余裕が小さくなるためだ。ゆったりとしたラグジュアリーな走りを楽しむのがRクラスといえるだろう。

リアドアはスライド式ではなくヒンジ式のドアを採用する。

シートアレンジにより2人から7人乗りになる。

●購入アドバイス

　走りの性能を考えたら、余裕が大きいR500のほうが魅力的といえなくもないが、R500に搭載されるV型8気筒エンジンは3バ

ルブのSOHCでひと世代前のもの。ほかの車種では5.5リッターの4バルブDOHCへの切り換えが進んでいるため、Rクラスでもいずれは置き換えられるはず。それを考えると、今の時点でもR350のほうがお勧めできる。

R350が777万円なのに、R500の価格は実に1000万円を超えるから、この価格差の大きさからもR350のほうがお勧めだ。31万5000円のラグジュアリーパッケージ、42万円のスポーツパッケージを装着しても、まだまだ大きな価格差がある。

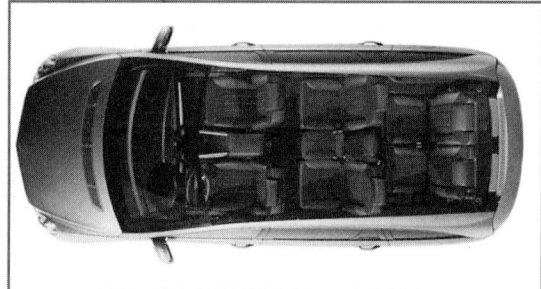

3列シートの2番目が3人乗りで7人乗車となる。

Rクラス価格表

モデル名（ステアリング）	メーカー希望小売価格
R 350 4MATIC（右）	¥7,770,000
R 550 4MATIC（左）	¥10,500,000

Rクラス諸元表

		R 350 4MATIC	R 550 4MATIC
全長	mm	4,945	4,945
全幅	mm	1,920	1,920
全高	mm	1,660	1,660
ホイールベース	mm	2,980	2,980
トレッド 前/後	mm	1,650/1,640	1,650/1,640
最低地上高	mm	150	140
トランクスペース（VDA方式） リッター		305～1,931	305～1,931
車両重量	kg	2,220	2,310
乗車定員	名	7	7
最小回転半径	m	5.9	5.9
10・15モード燃費	km/リッター	7.7	−
エンジン型式		272	
種類・シリンダー数		DOHC V型6気筒	DOHC V型8気筒
総排気量	cc	3,497	5,461
ボア×ストローク	mm	92.9×86.0	98.0×90.5
圧縮比		10.7	10.5
最高出力（EEC）	kW(ps)/rpm	200(272)/6,000	285(387)/6,000
最大トルク（EEC）	Nm(kg·m)/rpm	350(35.7)/2,400～5,000	530(54.0)/2,800～4,800
使用燃料・燃料タンク容量	リッター	無鉛プレミアム・80	無鉛プレミアム・80
ステアリング		右	左
トランスミッション		電子制御7速A/T	電子制御7速A/T
ブレーキ	（前）	ベンチレーテッドディスク	ベンチレーテッドディスク
	（後）	ディスク又はベンチレーテッドディスク	ベンチレーテッドディスク
タイヤサイズ	（前）	255/55R18	255/50R19
	（後）	255/55R18	255/50R19

■GLクラス

●プロフィール

　フルサイズのボディにラグジュアリーな装備や仕様を備え、メルセデス・ベンツの最上級SUVとなるのがGLクラス。2006年10月に発売されたモデルである。GLクラスは高級SUVが好調な売れ行きを示すアメリカ市場向けに開発されたモデルで、5mを超える全長と2mに近い全幅は半端なサイズではない。ホイールベースも3mを超えており、最小回転半径は5.7mに抑えられているとはいえ、日本では持て余しそうなサイズである。

　圧倒的な存在感を示す堂々たる印象のボディは、エクステリアデザインも迫力十分で、フロントグリル内に配置されたスリーポインテッドスターと2本のクロームフィンが精悍な印象を与えている。ステンレス素材を取り入れた前後のアンダーガードやサイドステップなどによって力強さと高級感が表現されている。

　インテリアはまず広さが注目される。室内には3列のシートが設定され、7人が快適に座れる室内空間を備えている。ガラス・スライディングルーフとパノラミックリアガラスルーフに

GLクラスは堂々たるサイズの最上級SUVだ。

2m近い全幅を持つ大柄なボディは迫力モノ。

3列シートの室内は2〜3列目を倒すと大きなラゲッジスペースが生まれる。

GLクラスは左ハンドル車だけの設定となる。

よって室内は明るく開放的な雰囲気が演出される。ナッパレザーシートを始め本革素材をふんだんに使用したダッシュボードやドアトリム、ライトバーチウッド(つや消し)パネルなどにより、上質で贅沢な室内とされている。快適装備の充実度も正に高級乗用車のものだ。

ボタン操作で左右別々に折り畳める3列目のシートやフルフラットになる2列目の可倒式シートなどによって、ラゲッジスペースの容量も大きい。最大では2300リッターの大容量が確保される。

グレードはGL550 4MATICのみの1グレードで、4バルブDOHCとなった新世代のV型8気筒5.5リッターエンジンが搭載され、7Gトロニックと組み合わされる。駆動方式はフルタイム4WDの4MATICで、オンロード重視のモデルながらオフロードでも高い走破性を発揮する。オフロード走行専用のスイッチを設けるほか、ダウンヒル・スピード・レギュレーション、電子制御デファレンシャルなども装備される。

最新最上級のSUVらしく、メルセデス・ベンツの最新の安全思想であるプロセーフに基づく装備や仕様が用意され、横滑り防止装置のESPももちろん標準装備だ。

●試乗インプレッション

大型SUVの中でも超重量級のボディを持つGLクラスだが、5.5リッターのV型8気筒エンジンの動力性能は285kW／530N・mの実力で、2.5トンを超えるボディに見合ったものだ。軽快な走りとはいえないが、重量ボディを力強くぐいぐいと押し出していく感じは、メルセデス・ベンツならではの安定感のある走りのフィールである。

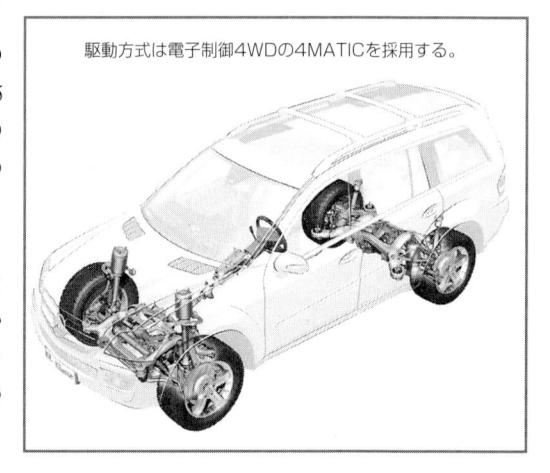

駆動方式は電子制御4WDの4MATICを採用する。

最低地上高：最大307mm　アプローチアングル：33°　渡河深度：最大600mm

ロードクリアランス、アプローチアングル、渡河深度など、いずれも優れた数値を備える。

　電子制御7速の7Gトロニックはほかの乗用車モデルと同様の滑らかな変速フィールを実現する。ほとんどショックを感じさせない変速フィールは、乗用車に乗るのと変わらない。

　電子制御式のAIRマティックサスペンションによってオンロードでの走りでは乗り心地の良さも感心できるものだったし、重量級のボディを止めるためのブレーキ性能も重さに見合う以上のものが確保されていた。

●購入アドバイス

　GL550 4MATICの価格は1280万円の設定。現在では、1000万円を超えるSUVはレンジローバーとポルシェ・カイエンがある程度。X5やQ7などを含めても、ごく限られたジャンルのクルマといえる。オンロードでのスポーツ性を重視するならカイエンやX5が優れた性能を発揮するし、オフロードではレンジローバーの評価が高い。その中でGLクラスがどのような地位を確保していくかが注目される。

GLクラス価格表

モデル名（ステアリング）	メーカー希望小売価格
GL 550 4MATIC（左）	￥12,800,000

GLクラス諸元表

		GL 550 4MATIC
全長	mm	5,100
全幅	mm	1,955
全高	mm	1,840
ホイールベース	mm	3,075
トレッド 前/後	mm	1,650/1,655
最低地上高	mm	210
トランクスペース（VDA方式）	リッター	300〜2,300
車両重量	kg	2,530
乗車定員	名	7
最小回転半径	m	5.7
10・15モード燃費	km/リッター	5.9
エンジン型式		273
種類・シリンダー数		DOHC V型8気筒
総排気量	cc	5,461
ボア×ストローク	mm	98.0×90.5
圧縮比		10.5
最高出力（EEC）	kW(ps)/rpm	285(387)/6,000
最大トルク（EEC）	Nm(kg·m)/rpm	530(54.0)/2,800〜4,800
使用燃料・燃料タンク容量	リッター	無鉛プレミアム・100
ステアリング		左
トランスミッション		電子制御7速A/T
ブレーキ	（前）	ベンチレーテッドディスク
	（後）	ベンチレーテッドディスク
タイヤサイズ	（前）	265/60R18
	（後）	265/60R18

■Gクラス

●プロフィール

　ジープなどと同じように、もともとは軍用車としてつくられた本格的なオフロード4WD。デビューしたのは1970年代で、すでに30年ほどの歴史を持つ。そのあいだ、何回もの改良を受けてきたが、本格的なフルモデルチェンジは行われずに現在に至っている。

　本当は2006年にGLクラスを投入するのに合わせて絶版になる予定だったらしいが、ラグジュアリーな大型SUVであるGLクラスと、ヘビーデューティーな本格オフロード4WDのGクラスとでは性格の違いが大きく、本格派のユーザーからのニーズに対応するためGクラスは引き続き生産されることになった。

　ただ、平面的なボディパネルやフロントウインドーなどを見ても分かるように、外観デザインはいかにも古臭いものになっている。良くいえば、機能性に徹した普遍的

角張ったボディの外観デザインはさすがに古さを感じさせる。

機能本位のインテリアながら自然素材によって高級感が演出されている。

第2章 車種ガイド(Gクラス)

なフォルムといえなくもないが、30年も前のデザインを今にいたるまで通用させるのは厳しい。インテリアは基本的な造形こそ変わらないが、本革パワーシートや木目パネルなどによってラグジュアリーな雰囲気も備えている。

現在ではバリエーションが整理され、ボディはロングボディだけになって、グレードもG500ロングとG55AMGロングの2グレードだけになっている。

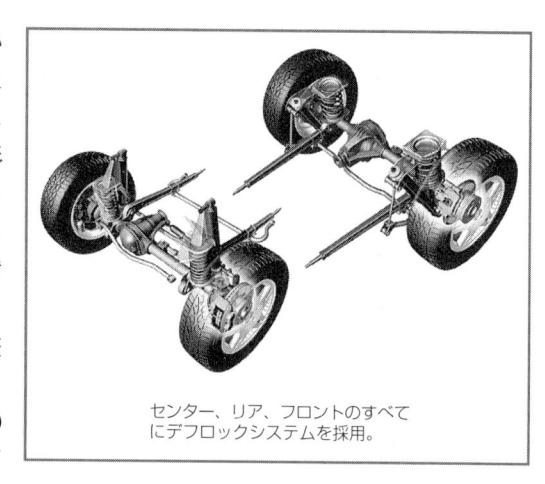

センター、リア、フロントのすべてにデフロックシステムを採用。

●試乗インプレッション

Gクラスの最新モデルには試乗しておらず、試乗したのは3.2リッターエンジンを搭載したかなり以前のモデルで、オフロードでの圧倒的な走破性や安定性に驚かされた記憶がある。ヘビーデューティーさに徹したつくりのクルマなので、乗用車に比べたら扱いにくい部分が多かったし、オンロードでの乗り心地も決して良いとは

質実剛健といった感じのインテリアながら、シートアレンジなどの機能性は高い。

悪路でのGクラスの走破性を支える基本数値。

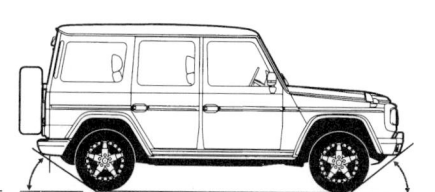

最低地上高：235mm　デパーチャーアングル 27°　アプローチアングル 36°

いえなかったが、このようなクルマの存在意義は確かにあると感じられた。

●購入アドバイス

しかしながら、今となってはその存在意義もやや薄れてきている。ラグジュアリー志向のユーザーにとってはGLクラスが登場しているし、本格的な悪路走破性を求めるユーザーには、ロングボディのG500やAMGだけのラインナップでは、実用性重視で選ぶことができないからだ。いずれ絶版になるクルマだろうから、買おうと思っている人はその前に自分のものにしておくといい。

Gクラス価格表

モデル名（ステアリング）	メーカー希望小売価格
G 500 ロング（左）	¥12,300,000
G 55 AMG ロング（左）	¥16,700,000

Gクラス諸元表

			G 500 ロング	G 55 AMG ロング
全長		mm	4,530	4,530
全幅		mm	1,810	1,860
全高		mm	1,970	1,950
ホイールベース		mm	2,850	2,850
トレッド 前/後		mm	1,500/1,500	1,500/1,500
最低地上高		mm	235	215
トランクスペース（VDA方式）		リッター	480～2,250	480～2,250
車両重量		kg	2,420	2,500
乗車定員		名	5	5
最小回転半径		m	6.2	6.2
10・15モード燃費		km/リッター	5.9	5.5
エンジン型式			113	113M55
種類・シリンダー数			SOHC V型8気筒	SOHC V型8気筒 スーパーチャージャー付
総排気量		cc	4,965	5,438
ボア×ストローク		mm	97.0×84.0	97.0×92.0
圧縮比			10.0	9.0
最高出力（EEC）		kW(ps)/rpm	218(296)/5,500	368(500)/6,100
最大トルク（EEC）		Nm(kg・m)/rpm	456(46.5)/2,800～4,000	700(71.4)/2750～4,000
使用燃料・燃料タンク容量		リッター	無鉛プレミアム・96	無鉛プレミアム・96
ステアリング			左	左
トランスミッション			電子制御7速A/T	電子制御5速A/T
ブレーキ	（前）		ベンチレーテッドディスク	ベンチレーテッドディスク
	（後）		ディスク	ベンチレーテッドディスク
タイヤサイズ	（前）		265/60R18	285/55R18
	（後）		265/60R18	285/55R18

■Vクラス

●プロフィール

初代Vクラスの後継モデルとして2003年10月に登場したときにはビアノの名前で出てきたが、2006年11月に搭載エンジンを変更するなどのマイナーチェンジを行ったときに、改めて名前をVクラスに変更した。Vクラスの名前が十分に浸透していたので、ビアノと呼ばれてもピンと来なかったユーザーが多かったようだ。

ビアノから改めてVクラスを名乗るようになった。

日本では1BOXワゴンと呼ばれるような短いノーズのハイト系のミニバンで、ボディはショートとロングの2種類が用意されている。ロングボディでは全長が5mちょうどという長さだ。どちらもホイールベースは3200mmで同じだが、ロングはボディの後部が延長され、大きなラゲッジスペースがつくられている。

3列7人乗りのシートが用意されるが、7席のシートはそれぞれが独立しており、2～3列目の5席のシートはひとつずつ取り外しが可能。2列目のシートは回転対座させることもでき、2列目シートの中央には収納式のテーブルも用意されている。

搭載エンジンはビアノ時代にはV型6気筒3.2リッターだったが、Vクラスへのマイナーチェンジのときにはコ型6気筒3.7リッターのSOHCに変更された。ただし、グレード名はV350とされている。組み合わされるトランスミッションは電子制御5速ATで後輪を駆動する。

大柄なボディを生かして広々としたラゲッジスペースを持つ。

安全装備は、プロセーフまでは採用されていないが、非常に高い充実度を誇り、ESPやSRSソラックスサイドバッグ、サイドビューカメラ＋液晶カラーディスプレー内蔵ルームミラーなどが標準となる。

●購入アドバイス

　V350トレンドとV350アンビエンテの2グレードで、アンビエンテにだけロングボディ車の設定がある。アンビエンテではセルフレベリング付きのリアエアサスペンション、本革シート、メモリー付きパワーシート、ウッドパネル、電動デュアルスライドドア、クルーズコントロールなどの快適装備が用意される。

　価格はトレンドの430万円に対してアンビエンテは578万円だから、100万円以上価格差がある。グレード間で安全にもつながる機能装備の有無があるので、Vクラスを買うなら少々無理をしてもアンビエンテを選びたいところだ。

後席には回転対座やテーブルの設置なども可能。

Vクラス価格表

モデル名（ステアリング）	メーカー希望小売価格
V 350 トレンド（右）	¥4,300,000
V 350 アンビエンテ（右）	¥5,780,000
V 350 アンビエンテ ロング（右）	¥5,990,000

Vクラス諸元表

			V 350 トレンド	V 350 アンビエンテ	V 350 アンビエンテ ロング
全長		mm	4,755	4,755	5,000
全幅		mm	1,910	1,910	1,910
全高		mm	1,900	1,930	1,930
ホイールベース		mm	3,200	3,200	3,200
トレッド 前/後		mm	1,640/1,640	1,640/1,640	1,640/1,640
最低地上高		mm	195	195	195
トランクスペース (VDA方式)		リッター	430〜4,500	430〜4,500	730〜5,000
車両重量		kg	2,110	2,140	2,170
乗車定員		名	7	7	7
最小回転半径		m	5.4	5.4	5.4
10・15モード燃費		km/リッター	7.1	7.1	7.1
エンジン型式			112M37	112M37	112M37
種類・シリンダー数			SOHC V型6気筒	SOHC V型6気筒	SOHC V型6気筒
総排気量		cc	3,724	3,724	3,724
ボア×ストローク		mm	97.0×84.0	97.0×84.0	97.0×84.0
圧縮比			10.0	10.0	10.0
最高出力 (EEC)		kW(ps)/rpm	170(231)/5,600	170(231)/5,600	170(231)/5,600
最大トルク (EEC)		Nm(kg・m)/rpm	345(35.2)/2,500〜4,500	345(35.2)/2,500〜4,500	345(35.2)/2,500〜4,500
使用燃料・燃料タンク容量		リッター	無鉛プレミアム・75	無鉛プレミアム・75	無鉛プレミアム・75
ステアリング			右	右	右
トランスミッション			電子制御5速A/T	電子制御5速A/T	電子制御5速A/T
ブレーキ	(前)		ベンチレーテッドディスク	ベンチレーテッドディスク	ベンチレーテッドディスク
	(後)		ディスク	ディスク	ディスク
タイヤサイズ	(前)		225/55R17	225/55R17	225/55R17
	(後)		225/55R17	225/55R17	225/55R17

■バネオ

●プロフィール

　乗用車と商用車の中間にあるような感じのマルチパーパスカー。登録上はもちろん乗用車で、全幅が1740mmに達しているため3ナンバー車となる。搭載エンジンやトランスミッションなどは初代Aクラス系のコンポーネンツを使っているが、ホイールベースはべらぼうに長くて2900mmもある。これはSクラスには及ばないが、Eクラスより45mmも長い数値である。

　この超ロングホイールベースに加え、エンジンの一部を床下に配置するAクラス譲りのサンドイッチコンセプトによって、室内には大きな空間というか、大きなラゲッジスペースが確保されている。さらに後席のシートは左右非対称分割可倒式である上に左右を別々に脱着することも可能。ラゲッジスペースの最大容量は3000リッターに達するという。

Aクラス系のプラットホームながらロングホイールベースで広い室内を持つ。

後席のシートはひとつずつ脱着することができる。

　外観デザインはAクラスの全高を高くしたようなイメージ。インテリアはメルセデス・ベンツらしいラグジュアリーさはなく、機能一点張りといった感じ。オーディオもラジオ付きカセットまでとなる。オプションで本革シートや6連奏CDプレーヤーなどが用意されているが、全体にシンプルな印象だ。

●購入アドバイス

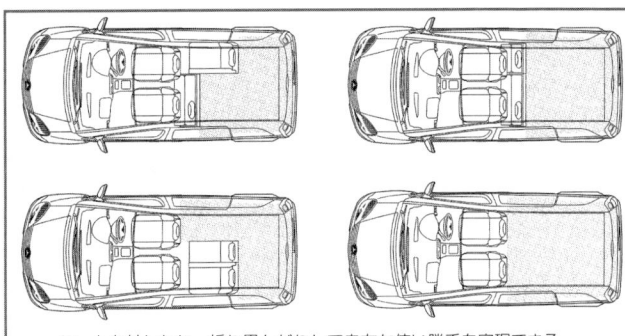

　1.9アンビエンテだけの単一グレードの設定で、価格は340万円台。商用車的な感覚のクルマだが、価格はしっかり乗用車のものとされている。前のAクラスをベースに大きなボディを持つことを考えたら、この価格も分からないではないが、バネオの持つスペースを相当に有効に生かせる人でないと、なかなか買えないクルマである。ベースのAクラスがすでにフルモデルチェンジを受けているので、いずれバネオも新しくなると思われる。

シートを外したり、折り畳んだりして自在な使い勝手を実現できる。

インパネ回りのデザインは機能性に優れたものだ。

バネオ諸元表

			バネオ 1.9 アンビエンテ
全長		mm	4,205
全幅		mm	1,740
全高		mm	1,845
ホイールベース		mm	2,900
トレッド 前/後		mm	1,525/1,475
最低地上高		mm	140
トランクスペース (VDA方式)		リッター	715～3,000
車両重量		kg	1,430
乗車定員		名	5
10・15モード燃費		km/リッター	10.6
エンジン型式			1669
種類・シリンダー数			SOHC 直列4気筒
総排気量		cc	1,897
ボア×ストローク		mm	84.0×85.6
圧縮比			10.8
最高出力 (EEC)		kW(ps)/rpm	92(125)/5,500
最大トルク (EEC)		Nm(kg·m)/rpm	180(18.4)/4,000
使用燃料・燃料タンク容量		リッター	無鉛プレミアム・54
ステアリング			右
トランスミッション			電子制御5速A/T
ブレーキ	(前)		ベンチレーテッドディスク
	(後)		ディスク
タイヤサイズ	(前)		195/50R16
	(後)		195/50R16

■スマート

●プロフィール

　メルセデス・ベンツが腕時計メーカーのスウォッチとのコラボレーションによって新しい自動車メーカーMCCを設立し、そこで開発・生産したクルマがスマートで、メルセデスとは別のチャンネルになっている。スウォッチとの提携はすぐに解消され、今ではダイムラーの純粋な子会社となっている。

スマートカブリオは電動ソフトトップが装備される。

　スマートは際立って特徴的なコンセプトによってつくられたシティコミューターで、2.56mという短い全長のボディを持つ2人乗り仕様という、全く新しいカテゴリーのクルマである。

　初代スマートはヨーロッパでは1998年に販売が始まり、日本では当初は並行輸入されていたが、2000年12月からはダイムラー・クライスラー日本が正規輸入を始めた。一時三菱のコルトをベースにした4ドア車が設定されていたため、当初からのスマートクーペはフォーツークーペと呼ばれるようになった。

スマートフォーツークーペ。全幅は旧型より45mm大きくなった。

　2007年10月には日本でも2代目モデルが発売された。基本コンセプトやトリディオンシェルによる独自の安全構造ボディなどの基本メカニズムは従来と共通で、外観デザインも初代モデルを受け継ぐモデルとして登場した。ひと目でスマートと分かる外観デザインだ。

　ボディタイプは2ドアのフォーツー・クーペとフォーツー・カ

サンドイッチ構造のトリディオン・セーフティセルなど安全性も高められている。

エンジンはリアアクスルの前に横置きされ、リアに45度傾斜して搭載される。

ブリオが設定されている。クーペと70%のボディパネルを共用するカブリオには新開発の電動式ソフトトップはフルオートマチック操作が可能。熱線入りリアウインドーとの組み合わせによって快適性・安全性を向上させた。

ボディサイズはひと回り大きくなり、これによって室内空間を拡大したほか、歩行者保護性能を高め、リアの衝突安全性能を向上させ、乗り心地を改善するなどの改良が加えられた。大きくなったといってもボディの全長はまだ2.72mに過ぎず、道路でも駐車場でも小さなスペースしか使わずにすむのは同じである。

小さなボディとはいえ、乗車定員が2名なので、一人当たりの室内空間で見るとスペースはそれほど小さくはなく、乗員2名が快適に過ごせるだけの独特のゆったり感が表現されている。

2代目モデルでは搭載エンジンが変更され、直列3気筒という気筒配置のSOHCで、自然吸気ながら52kWのパワーを発生する。電子制御5速マニュアルモード付きマートマチックと組み合わされる。初代モデルに比べると動力性能や最高速が向上している。

サンドイッチ構造のトリディオン・セーフティセルによって、メルセデス・ベンツのクルマにふさわしい衝突安全性を確保し、世界中の衝突安全基準に適合させている。全車にABSやESPなどの安全装備も標準で装備されるなど、安全性は高いレベルにある。

●購入アドバイス

　この原稿を書いている時点ではまだ発売されたばかりで、試乗していないので何ともいえない部分があるが、スペックなどから判断する限り、一段と魅力的なクルマになったのは間違いないと思う。

　引き続き、街乗り用のシティコミューターとして選択する意味のあるクルマだ。2代目スマートでは、クーペとカブリオがそれぞれ1モデルずつの構成であるため、実際に購入するとしたら、ボディを選ぶことになる。実用性を考えたらカブリオではなくクーペを選ぶのが一般的だろう。価格もカブリオが30万円ほど高くなるので、ますますクーペがお勧めである。

　クーペで176万円という価格は、リッターカークラスのクルマを買うには相当に高い印象があるが、独特の個性的なデザインやメルセデス・ベンツ製のクルマとしての安全性などを考えると、リーズナブルなクルマといえなくもない。

シートをはじめとして快適性の向上が図られた。

直列3気筒999ccエンジン。

スマート価格表

モデル名（ステアリング）	メーカー希望小売価格
スマートフォーツー クーペ（右）	¥1,760,000
スマートフォーツー カブリオ（右）	¥2,050,000

スマート諸元表

		スマート フォーツー クーペ
全長	mm	2,720
全幅	mm	1,560
全高	mm	1,540
ホイールベース	mm	1,865
トレッド 前/後	mm	1,285/1,385
最低地上高		130
トランクスペース（VDA方式）リッター		−
車両重量	kg	810(830)※
乗車定員	名	2
最小回転半径	m	4.2
10・15モード燃費	km/リッター	−
エンジン型式		
種類・シリンダー数		SOHC 直列3気筒
総排気量	cc	999
ボア×ストローク	mm	72.0×81.8
圧縮比		11.4
最高出力（EEC）	kW(ps)/rpm	52(71)/5,800
最大トルク（EEC）	Nm(kg·m)/rpm	92(9.4)/4,500
使用燃料・燃料タンク容量	リッター	無鉛プレミアム・33
ステアリング		右
トランスミッション		電子制御5速AT/MT切替式
ブレーキ	（前）	ディスク
	（後）	ドラム
タイヤサイズ	（前）	155/60R15又は175/55R15
	（後）	175/55R15又は195/50R15

※（　）はカブリオ

■マイバッハ

●プロフィール

　ダイムラー・クライスラーがメルセデス・ベンツの上を行く超高級ブランドとして2001年12月に発売したのがマイバッハ。その名前は創業当時のダイムラー社で車両開発の中心となった技術者であるマイバッハに由来する。メルセデス・ベンツが持つ技術力、ノウハウ、経験などを生かしてつくられた最高級のクルマだ。マイバッハは、BMWがロールスロイスを手に入れて超高級車の市場に参入してきたことに対抗する意味もあって登場した。

　堂々たるサイズのセダンボディは、全長の違いによって2種類が用意され、57と62の2モデルの設定がある。57は5723mm、62は6165mmの全長となる。マイバッハが超高級車であることを端的に示すのはインテリアで、厳選された本革を使ったシートや高級ウッドなどを使い、熟練した職人が手作業でつくり上げるインテリアは、細部に至るまで贅を尽くした仕上がりだ。両方のボディとも運転手付きで乗るためのクルマである。

　搭載エンジンはV型12気筒5.5リッターのSOHC＋ツインターボ仕様で、405kW／900N・mのパワー＆トルクを発生する。これによって62では2855kgもの車両重量がありながら、0－100km/hの加速がわずか5.4秒というパフォーマンスを発揮する。

●購入アドバイス

　マイバッハの販売はメルセデス・ベンツなどのディーラーではなく、ダイムラー日

6mを超える全長を持つ堂々たるサイズのマイバッハ62。

第2章 車種ガイド（マイバッハ）

　本のパーソナル・リエゾン・マネージャーが直接担当する。ショールームも当初はダイムラー日本の本社1階にあるだけで、予約なしでは入ることもできず、一般のユーザーは走る姿を見ることしかできないクルマだ。私自身も外国のモーターショーの会場で、運転席や後席に乗り込んだことがあるだけという超絶したクルマである。

　デビューした当初は、ベースモデルの57の左ハンドル車に4000万円を切る価格が設定されていたが、2006年1月にはこれが4440万円ほどに値上げされている。また、これに先立つ2005年11月にはAMG仕様のV型12気筒6.0リッターのツインターボで、450kW／1000N・mのパワー&トルクを発生する57Sが追加されている。

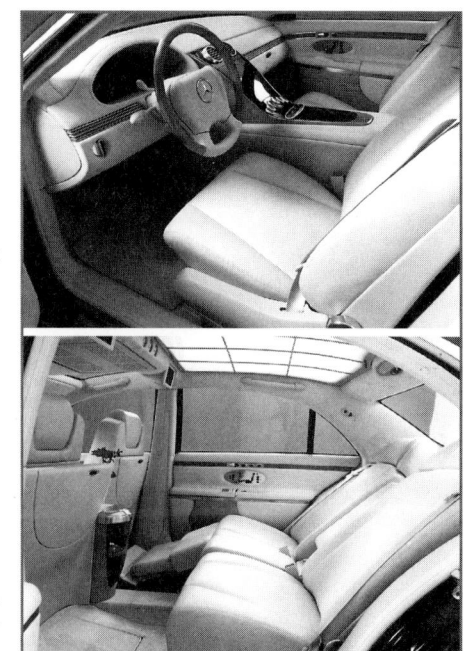

後席の広さやゴージャスな雰囲気は、並みの高級車では得られないものだ。

マイバッハ諸元表

		マイバッハ57	マイバッハ57 S	マイバッハ62	マイバッハ62 S
全長	mm	5,730	5,730	6,165	6,165
全幅	mm	1,980	1,980	1,980	1,980
全高	mm	1,575	1,560	1,575	1,560
ホイールベース	mm	3,390	3,390	3,825	3,825
トレッド 前/後	mm	1,675/1,695	1,675/1,695	1,675/1,695	1,675/1,695
最低地上高	mm	155	140	155	140
トランクスペース (VDA方式) リッター		500	500	500	500
車両重量	kg	2,680	2,780	2,800	2,960
乗車定員	名	4	4	4	4
最小回転半径	m	6.3	6.3	7.0	7.0
エンジン型式		285	2858	285	2858
種類・シリンダー数		SOHC V型12気筒 水冷インタークーラー付ツインターボ	SOHC V型12気筒 水冷インタークーラー付ツインターボ	SOHC V型12気筒 水冷インタークーラー付ツインターボ	SOHC V型12気筒 水冷インタークーラー付ツインターボ
総排気量	cc	5,513	5,980	5,513	5,980
ボア×ストローク	mm	82.0×87.0	82.6×93.0	82.0×87.0	82.6×93.0
圧縮比		9.0	−	9.0	−
最高出力 (EEC)	kW(ps)/rpm	405(551)/5,250	450(612)/4,800〜5,100	405(551)/5,250	450(612)/4,800〜5,100
最大トルク (EEC)	Nm(kg･m)/rpm	900(91.8)/2,300〜3,000	1,000(102.0)/2,000〜4,000	900(91.8)/2,300〜3,000	1,000(102.0)/2,000〜4,000
使用燃料・燃料タンク容量	リッター	無鉛プレミアム・110	無鉛プレミアム・110	無鉛プレミアム・110	無鉛プレミアム・110
ステアリング		左/右	左/右	左/右	左/右
トランスミッション		電子制御5速A/T	電子制御5速A/T	電子制御5速A/T	電子制御5速A/T
タイヤサイズ	(前)	275/50R19	275/45R20	275/50R19	275/45R20
	(後)	275/50R19	275/45R20	275/50R19	275/45R20

■SLRマクラーレン

●プロフィール

メルセデス・ベンツはF-1でマクラーレンとパートナーシップを組んでいる。そのスポーツスピリットと最先端のレーシングテクノロジーから、メルセデスの頂点を極めるスーパースポーツとしてメルセデス・ベンツSLRマクラーレンが生まれた。

スーパースポーツカーとして誕生したSLRマクラーレン。

1950年代にメルセデス・ベンツは300SLRというレーシングカーを持ち、そのモデルを公道を走るのに適したスポーツカーへと進化させたプロトタイプ車をつくった歴史を持つが、その伝説を今に生かしたのがSLRマクラーレンともいえる。

外観デザインはF-1マシンのマクラーレン・メルセデスをほうふつとさせるフロントノーズや跳ね上げ式のウイングドアなどが特徴。リアには空力特性を高めて強力なダウンフォースを発生させるデヒューザーも備えられている。

外観デザインはデビューした当初にはクーペボディのみの設定とされていたが、2007年8月のマイナーチェンジに合わせ、クーペを廃止して約10秒で開閉可能なソフトトップを備えたロードスターのみの設定とした。強化したロールバーによって高い安全性が確保されている。インテリアはカーボンファイバー製のシートフレームを採用したフルバケットシートやアルミ製のセンターコンソール、専用のメーターパネルなどが特徴で、エンジンスタータースイッチを内蔵したシフトノブもSLRマクラーレンならではのものだ。

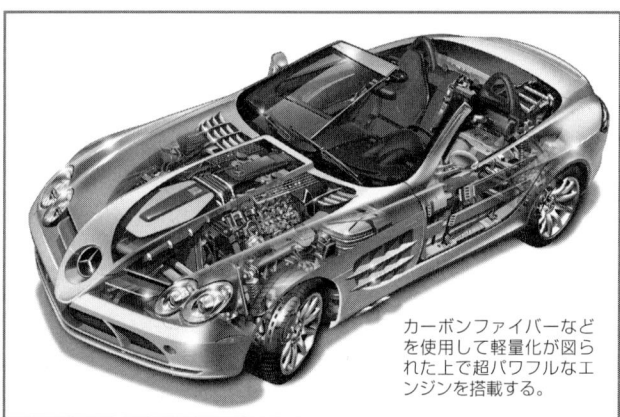

カーボンファイバーなどを使用して軽量化が図られた上で超パワフルなエンジンを搭載する。

搭載エンジンはAMGがSLRマクラー

第2章 車種ガイド(SLRマクラーレン)

レン専用にチューニングしたV型8気筒5.5リッターのスーパーチャージャー仕様で、460kW／780N・mの圧倒的なパワー＆トルクを発生し、電子制御5速ATと組み合わされる。

　SLRマクラーレンではボディをフルカーボン複合材製のモノコックボディとしている。航空宇宙工学から始まりレーシングカーにも採用されている最先端の技術だ。これによって超軽量ボディでありながら高剛性を持ち、高い衝突安全性能も備えたボディとした。車両重量がSL550と比べても軽い1825kgに抑えられているのはカーボン複合材の効果によるものだ。

　カーボン複合材はブレーキにも使われ、カーボン強化セラミックディスクによって高い制動性能と耐フェード性が確保されている。急制動時にはトランクリッドのスポイラーが立ち上がってダウンフォースを発生させ、安定したブレーキ性能を発揮するエアブレーキ機能も備えている。

●購入アドバイス

　SLRマクラーレンは生産・供給体制がごく限られたものになるほか、高度で専門的なサービス体制が必要になるため、ヤナセを始めとするメルセデス・ベンツディーラーでは販売されていない。ダイムラー日本のリエゾン・マネージャーが直接販売を担当し、アフターサービスも受け持つシステムとしている。あくまでも特別なクルマとして存在している。

SLRマクラーレンのコクピット。

SLRマクラーレン車両価格

モデル名（ステアリング）	メーカー希望小売価格
SLRマクラーレンロードスター（左）	¥70,000,000

SLRマクラーレン諸元表

			SLRマクラーレンロードスター
全長		mm	4,656
全幅		mm	1,908
全高		mm	1,281
ホイールベース		mm	2,700
車両重量		kg	1,825
乗車定員		名	2
エンジン型式			M155
種類・シリンダー数			SOHC V型8気筒 スーパーチャージャー付
総排気量		cc	5,439
ボア×ストローク		mm	97.0×92.0
圧縮比			
最大出力（EEC）		kW(ps)/rpm	460(626)/6,500
最大トルク（EEC）		Nm(kg・m)/rpm	780(79.5)/3,250〜5,000
使用燃料・燃料タンク容量		リッター	無鉛プレミアム・97
ステアリング			
トランスミッション			電子制御5速AT
ブレーキ	（前）		ベンチレーテッドディスク 6ピストンキャリパー
	（後）		ベンチレーテッドディスク 4ピストンキャリパー
タイヤサイズ	（前）		255/35ZR19
	（後）		295/30ZR19

■AMGモデル

　メルセデス・ベンツのブランド内の独立ブランドとして存在するのがAMG。もともとはレーシングカー用のエンジンを開発する会社として1967年に設立された。
　創業者であるハンス・ウェルナー・アウフレヒト(A)とエルハルト・メルヒャー(M)が、グローザスバッハ(G)で創業したことから、AMGと呼ばれるようになった。日本では英語読みのエイエムジーが定着してきたが、ドイツ語読みのアーエムゲーと似たアーマーゲーと呼ばれていた時代もあった。
　レース用のエンジンだけでなく、メルセデス・ベンツ車のチューニングに力を入れるようになり、1971年にAMGチューンのメルセデス300SEL6.3がスパ24時間レースで

AMG-Eクラス。

AMG-Sクラス。

第2章 車種ガイド(AMGモデル)

AMG-Sクラスエンジン。

AMG-Eクラスメーターパネル。

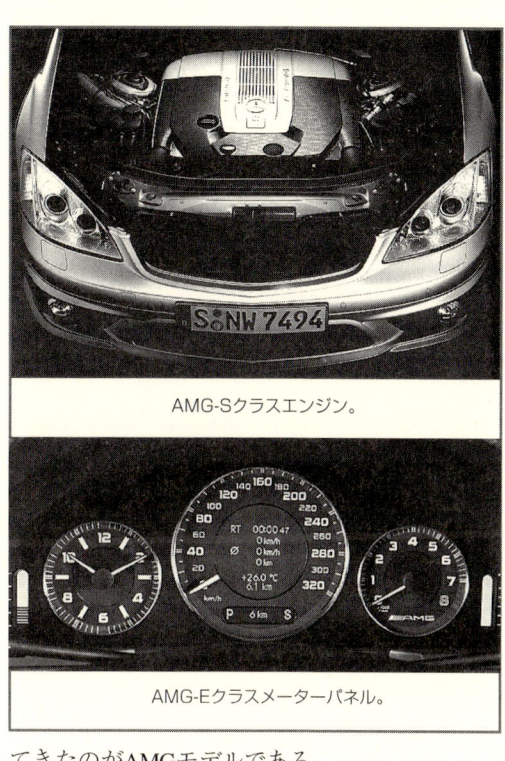

クラス優勝するなどした結果、徐々にメルセデス・ベンツからも認められるようになった。

1988年からはダイムラー・ベンツのパートナーとして、ドイツ・ツーリングカー選手権(DTM)に参戦。翌年には7勝を挙げている。こうした実績を踏まえて、1990年にAMGとダイムラー・ベンツはジョイントベンチャービジネス契約を結び、AMGはモータースポーツ以外の事業にも乗り出した。その結果生まれたのが1993年に発表されたAMGのコンプリートモデルC36だ。メルセデス・ベンツのエンジンルーム内に、このC36に限らず、これでもかとばかりに大排気量のエンジンを搭載し、圧倒的な走りのパフォーマンスを実現してきたのがAMGモデルである。

　AMGの豊富なモータースポーツ経験から得られたさまざまなノウハウを反映したクルマづくりは、メルセデス・ベンツの市販車に標準車とは全く異なる極めて高いレベルの走りのパフォーマンスを与えてきた。

AMG-SLKクラス。

107

AMG-SLKクラスブレーキ。

1999年にはダイムラーの傘下に収められ、ほとんどの車種にAMGモデルがラインナップされるほか、AMGスポーツパッケージと呼ぶエアロパーツやアルミホイール＆タイヤ、ステアリングホイールなどのセットがオプション設定されている。

2007年9月の時点でAMGモデルが設定されているのはE／S／CLS／CL／CLK／SLK／SL／ML／Gの各クラスで、逆に設定がないのはA／B／C／R／GL／Vの各クラスとなる。CクラスやGLクラスなどには、いずれAMGモデルが設定されると見られる。

ダイムラー・クライスラー日本が設立された後も、AMGモデルはヤナセが輸入元となっていた時代もあったが、現在では完全にダイムラーのメルセデス・ベンツラインナップの一部とされており、別建てで用意されていたカタログも標準モデルのカタログと一体になって作成されている。

少し前まではV型8気筒5.4リッターのSOHCエンジンを搭載した55系のモデルが中心とされており、一部の車種に搭載車が残っているが、現在では多くの車種でV型8気筒6.2リッターのSOHCエンジンを搭載した63系のモデルが中心となっている。

たとえば動力性能は5.4リッターエンジンでも265kW（360ps）/510N・mという実力のものが旧型Cクラスなどに搭載されていたのだから、その走りは極めて豪快なものだった。現在の6.2リッターエンジンではパワー＆トルクが386kW（525ps）/630N・mに達しており、その動力性能はさらに強大なものになっている。

SクラスとCLクラス、SLクラスにはV型12気筒6.0リッターのSOHCエンジンにツインターボが装着されて搭載されており、S65AMG、CL65AMGとされている。65系のモデルになると、動力性能は450kW（612ps）/1000N・mに達する。

AMGモデルは高価な部品を使って少量生産されることもあって、価格設定がべらぼうに高いため、ごく一部の限られたユーザー向けのモデルといえる。高い動力性能に合わせてブレーキなどシャシーも強化されているものの、メルセデス・ベンツの理性があまり感じられないようなモデルであるのも実情だ。当然ながら、その動力性能を存分に発揮できるようなシーンは、日本の道路交通環境の中にはない。ベンツユーザーのなかでもAMG仕様を選択するのは、特別な存在であることをアピールするお金の有り余った人たちであるといえよう。

第3章 メルセデス・ベンツの
何をどう選ぶか＝新車編＝

●メルセデス・ベンツの各モデルはどの日本車に対応するか

　メルセデス・ベンツはAクラスからSクラスまでの乗用車のほか、スポーツカーやSUVなどさまざまなタイプのクルマをラインナップしていることはすでに見たとおりだ。別ブランドのスマートやマイバッハを加えれば、ラインナップはさらに幅広いものになる。

　超コンパクトカーであるスマートを除いて考えると、メルセデス・ベンツのベーシックラインを受け持つのはAクラスである。このAクラスと同じプラットホームを持つBクラスの2モデルだけがFF方式を採用している。このため、AクラスとBクラスはメルセデス・ベンツのラインナップの中でも特別な位置付けにあるクルマで、保守的なメルセデス・ベンツユーザーは、メルセデス・ベンツはFRタイプが正当であるとして、この2モデルを認めない人もいるくらいだ。

　A/Bクラスの搭載エンジンは直列4気筒の1.7リッターから2.0リッターで、日本車でいえばトヨタのオーリスや日産のティーダ、マツダのアクセラ、スバルのインプレッサなどが、比較的近い

ヤナセ本社販売ショールーム。

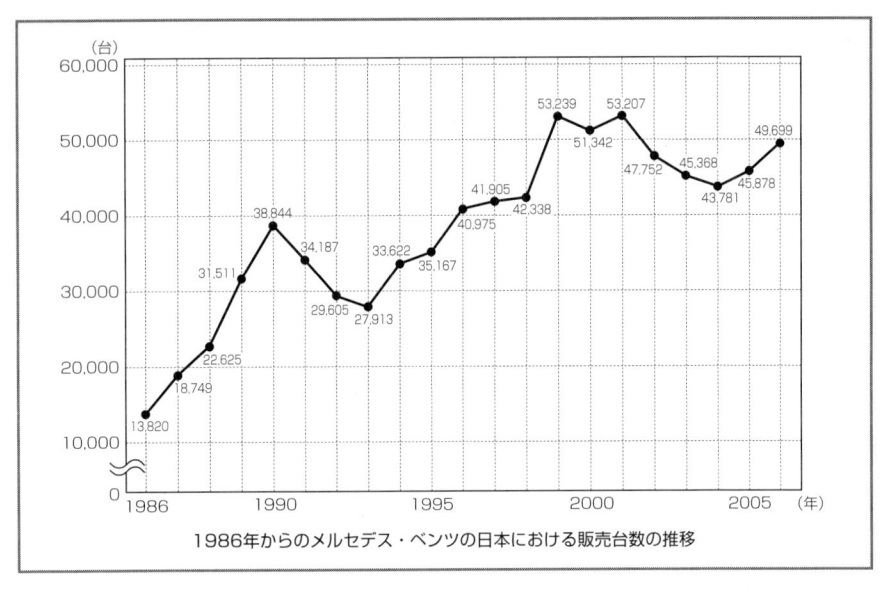

1986年からのメルセデス・ベンツの日本における販売台数の推移

モデルとなる。Aクラスには200万円台のモデルも用意されているが、対抗車となる国産車はほとんどが200万円以下で買えるから、Aクラスのほうが100万円くらい高いことになる。

　直列4気筒2.0リッターからV型6気筒3.0リッターまでのエンジンを搭載するCクラスになると、対抗する国産車はマークX、スカイライン、インスパイアを含めたアコードなどになる。Cクラスの価格は400万円台から600万円台に達するが、国産車は200万円台から300万円台が中心で400万円台に乗るものはないから、こちらも相当に大きな価格差がある。

　EクラスにはV型6気筒の2.5リッターからV型8気筒の5.5リッターまでのエンジンが搭載されている。国産車でいえば、マジェスタを含めたクラウンやレクサスLS460、日産のフーガやシーマなどが競合車となる。価格はEクラスが600万円台から1000万円超まであり、クラウンやフーガが300万円台から500万円台までの設定であるのに比べると、これまた大きな価格差がある。LS460やシーマになると、似たような価格帯になるが、やはりEクラスのほうが高い。

　Sクラスになると、まともに競合する国産車はなくなる。LS460はSクラスの対抗車になるかEクラスの対抗車になるかが微妙なところもあるが、1500万円超の価格が設定されたLS600hでやっとSクラスの対抗車というイメージになる。

　いずれにしてもメルセデス・ベンツの主要モデルを国産車と比較すると、搭載エンジンの排気量やボディサイズなどでみた同クラスのクルマと比較すると、価格に大き

な違いが生じる。逆にメルセデス・ベンツの主要な車種と同じ価格帯のクルマを選ぼうとすると、国産車ではひとクラス上のクルマになる。

　このため、メルセデス・ベンツを買うときには、国産車ならひとクラス上のクルマが買える予算を出して、ひとクラス格下のクルマを買うことになるところがあるので、このような意識を持つユーザーがメルセデス・ベンツを買う気になれないというのも理解できないことではない。

　でも逆に、Eクラスに乗っているときにレクサスLSを見ても何の引け目も感じないというユーザーがいるのも事実で、メルセデス・ベンツを選ぶことに一定以上の意義を見いだせる人でなければ購入しないクルマなのだ。

●メルセデス・ベンツの最小モデルは　Aクラス、トヨタの最小モデルはパッソ

　メルセデス・ベンツのエントリーモデルはAクラスであるのに対して、トヨタのエントリーモデルとしては3気筒1.0リッターエンジンを搭載したパッソが設定されている。パッソはダイハツがつくっているクルマなので、純トヨタ車としてはヴィッツがエントリーモデルになるのかも知れないが、ラインナップの始まる部分に大きな違いがあるのは確かだ。

　メルセデス・ベンツでも、1997年にAクラスを発売するまでは、Sクラス、E(ミディアム)クラス、Cクラスの3モデルを中心にしたラインナップで商売していた。また、Cクラスの旧モデルであるメルセデス190が発売されたのは、1980年代前半のことで、それまではSクラスとEクラスといった高級車が中心だった。そのため、今はコンパクトカーの方向にラインナップを広げすぎといった印象がないでもない。

　メーカー全体の平均燃費を問題にする気運が盛り上がる中で、メルセデス・ベンツも小さなクルマをつくらざるを得ない状況に追い込まれてきたともいえる。かつて190クラスを発売したときも、アメリカの燃費規制への

メルセデス・ベンツ日本本社。

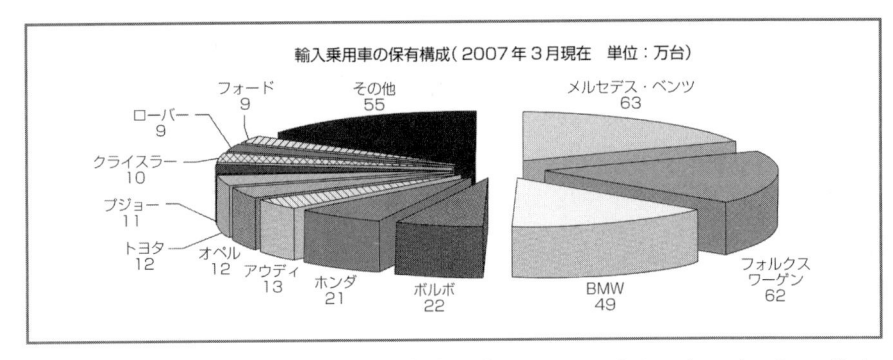

輸入乗用車の保有構成（2007年3月現在　単位：万台）

- その他 55
- メルセデス・ベンツ 63
- フォルクスワーゲン 62
- BMW 49
- ボルボ 22
- ホンダ 21
- アウディ 13
- オペル 12
- トヨタ 12
- プジョー 11
- クライスラー 10
- ローバー 9
- フォード 9

対応が大きなキッカケとされていた。燃費の良いコンパクトカーをラインナップに加えないと、メーカーとして生き残りがむずかしくなる傾向が強くなってきたのだ。

　もうひとつ、BMWはもちろん、アウディやVWなどが、さらにはトヨタや日産などが、メルセデス・ベンツが得意としていた高級車のジャンルに次々に参入してくる中で、メルセデス・ベンツも対抗上、小さなクルマのジャンルに参入せざるを得なかったという面もあったようだ。

　BMWは比較的早くからメルセデス・ベンツに対抗したモデルを設定しており、7シリーズはモデルサイクルによってはSクラスを上回る売れ行きを示すようになっているし、その高級車市場の争いの中にアウディA8が割って入ってきている。さらに、アメリカ市場ではレクサスのLSが大きな存在感を示しており、メルセデス・ベンツもうかうかしていられないというのが本当のところかも知れない。

　特にトヨタは、小さなクルマを安くたくさんつくることに長けていて、販売台数ではメルセデス・ベンツを大きく上回っているだけでな

輸入ディーラー、ヤナセ本社ベンツショールーム。

シュテルン系のディーラー網も展開。

く、メルセデス・ベンツの高級車に対抗するLSのようなクルマまでつくっている。表面的には余裕の姿勢を示しているものの、メルセデス・ベンツにしても内心は決して穏やかではないはずだ。

結果的には失敗に終わった形になったが、ダイムラーベンツがクライスラーと合併してダイムラー・クライスラーとなったのも、多額の開発投資を多くの生産台数での割り算にしたいという気持ちがあったからだと思う。

その背景には、たくさんのモデルをラインナップして販売台数を伸ばし、モデルチェンジのたびごとにユーザーの要望に応え、技術的にもレベルアップすることで、メルセデス・ベンツを脅かし始めたトヨタの存在があったと考えられる。

第一章で述べたように、ABSを開発した時代にはトヨタが技術的にメルセデス・ベンツに追いつくのに何年もかかったのに、車両の姿勢制御システムであるESP/VSCの開発では、ほぼ同時期に開発するところまでトヨタが追い上げてきている。もちろん、トヨタ車はまだまだメルセデス・ベンツに及ばない部分がたくさんあるし、トヨタが追い上げるあいだにメルセデス・ベンツはまたその先に行くことが可能だから、そう簡単に追いつけるものではないのだが、トヨタの追い上げがメルセデス・ベンツにいろいろな形で影響を与えているであろうことは想像に難くない。

2007年にトヨタが生産台数でGMを抜いて世界一になりそうな状況にあるが、クルマの中身というか、自動車技術をリードするといった意味においてもメルセデス・ベンツを抜いて世界一になって欲しいと思う。

ただ、それが単に高密度労働を背景にした人間を幸せにしないようなやり方で達成されたのでは単純に喜べないし、LSのようなクルマをつくる一方で、露骨に手抜きした安物のクルマをつくるような姿勢を示していたのでは、いつまでたってもメルセデス・ベンツに追いつける日は来ないのではないかとも思う。

日本のトヨタが、メルセデス・ベンツと同じくらいの尊敬を集める自動車メーカーになる日が来て欲しいと願っているものの、そう簡単なことでないのも事実であろう。

ダイムラー日本の横浜トレーニングセンター。

●同じ価格帯に重なるCクラスとEクラスはどちらを選ぶか

　メルセデス・ベンツをどう選ぶかというテーマからは話がそれてしまった。元に戻ってメルセデス・ベンツの選び方を考えたい。

　現在ではAクラスからSクラスまで、またRクラスやGLクラスやSLクラスなどまで、さまざまなモデルをラインナップするようになったメルセデス・ベンツだが、それほどたくさんのプラットホームや基本コンポーネンツを持っているわけではない。

　特にエンジンやトランスミッションの種類は、車種ラインナップが豊富なわりには少ないといえるほどだ。このため、CクラスとEクラス、EクラスとSクラスには、同じエンジンとトランスミッションが組み合わされることになる。Cクラスの最上級モデルに搭載されるエンジンがEクラスのエントリーモデルと同じになることがあり、EクラスとSクラスのあいだでも同様に見られる。そんなときに、どちらを選ぶかはなかなか悩ましい問題だ。

ヤナセ本社ショールーム。

　国産車の場合には、最も大きなエンジンを搭載したモデルがそのクルマの性格に最もよくマッチしたモデルであることが多いが、メルセデス・ベンツの場合には必ずしもそうではない。むしろベーシックなモデルのほうが、そのクルマの性格をよく表していることが多く、価格的にもリーズナブルなお勧めグレードになることが多いのだ。

　Cクラスの最上級グレードは、価格ではEクラスのベーシックグレードよりも高くなるし、Eクラスの最上級グレードはSクラスのベーシックグレードよりも高くなったりするから、ますますベーシックグレードのお勧め度が高くなる。

●モデル末期の熟成モデルと発売直後の新型車はどちらが良いか

　国産車なら、次期モデルの登場時期の近づいたモデル末期のクルマは、まずお勧めモデルにならない。モデル末期のクルマなら大幅な値引きで販売されるのが普通だから、とにかく安いクルマが欲しいというのなら止めないが、すぐに大幅に魅力アップした新型車が登場してくるから、それを待ったほうが良いというケースが大半だ。

　これはたいていの国産車が、力の入ったマイナーチェンジをしないことによる。モ

デルの熟成をするのではなく、ヘッドライトやグリル、リアコンビネーションランプなどのプラスチック部品のデザインなど、目先を変えるだけのマイナーチェンジしかしないことが多いからだ。

　ところが、メルセデス・ベンツは違う。モデルサイクルのあいだにスキンチェンジを伴うマイナーチェンジを行うこともあるが、それ以上にクルマの中身を充実させようとする変更を行うことが多い。足回りの熟成を進めるなどの改良に力が入れられることが多く、モデル末期のクルマは、最も熟成の進んだモデルとしてお勧めのクルマになることが多いのだ。

　モデル末期の段階では、初期に比べると装備が充実しているだけでなく、モデル末期のクルマなら一定の値引きが期待できるのも、ユーザーにとって有利な要素だ。

　次期モデルの登場時期がはっきりすると、現行モデルを買いにくるユーザーが増え、在庫車が一気にはけてしまうのは、メルセデス・ベンツのモデルチェンジ時にしばしば見られる現象だ。あえて最終モデルを選ぼうとするユーザーが多いのだ。このあたりが国産車との大きな違いだ。

　もちろん、メルセデス・ベンツだってフルモデルチェンジで登場する次期モデルは大きく魅力アップしているはずだ。でも、モデル末期になった現行モデルでも十分に魅力的といえるのは、メルセデス・ベンツならではのことだと思う。

　かつてのアメリカでは、ユーザーに売ったクルマを少しでも早く陳腐化させることで次のクルマを売り込もうと、毎年新しいモデルを出すのが常識とされていた時代があった。今でもその名残でアメリカ車にはイヤーモデルという考え方が残っている。ほかの自動車メーカーでも、ポル

ダイムラー日本の部品センター。

ダイムラー日本の販売管理センター。

シェなどがイヤーモデルの考え方に基づいてクルマを販売している。

　日本の自動車メーカーも、イヤーモデルという言い方はしないまでも、ほとんど毎年のように、さして意味のない小改良を繰り返し、実質的にイヤーモデルと同じような売り方をする例がある。

　メルセデス・ベンツはかつてはアメリカでの売り方に習って日本でもイヤーモデルとして販売していた時代があったが、現在では必要に応じてマイナーチェンジをするだけで、イヤーモデルとしての販売はしていない。

　状況によっては、前年のモデルが売れ残った状態で次のイヤーモデルを発表せざるを得なくなることがあるが、そうなると前年のモデルは大幅な値引きで販売するしかなくなる。これでは効率が悪いためにイヤーモデルを廃止したのだ。

　ポルシェなどがイヤーモデルを維持できているのは、販売台数の少ないクルマである上に、日本市場で販売できる台数に対してやや少なめの台数しか輸入しないという方針を貫いていることが理由。メルセデス・ベンツを含めて、たくさんのモデルをたくさん販売しようとするインポーターには、イヤーモデルは採用しにくくなっている。

●Sクラスなど上級車では左ハンドル車がよく売れているが

　Sクラスなどの上級モデルを中心に、メルセデス・ベンツ日本は左ハンドル車を輸入しており、それがよく売れている。日本には、左ハンドル車でないと国産車に差をつける"外車"にならないと考えるバカなユーザーがまだ多いためだ。

　しかも、悪いことに将来的なリセールバリューでも左ハンドル車が有利になるのが一般的だ。3〜5年落ちといった国内で再販される年式はもちろんのこと、10年落ちくらいの超低年式車になっても左ハンドル車だったら値段が付いたりする。これは走行距離の少ない日本の中古車が、左ハンドルなら輸出用として高く評価されるためだ。

　でも、日本の道路を走るのに左ハンドル車は右ハンドル車に比べて危険である。それが端的に現れるのは追い越しや擦れ違いのときで、左ハンドル車は安全確認がしにくい。だから、いくら安全なメルセデス・ベンツでも危険な左ハンドル車に乗ったのでは意味がないし、左ハンドル車などは輸入すべきではない。

　左ハンドル車でないと外車じゃ

ダイムラー・ランシュタット工場での生産。

ないと思っているバカなユーザーの数も、左ハンドル車の輸入などというバカな行為を止めれば少なくなるはずだ。正規輸入の左ハンドル車が買えなくなるのだから、当然のことである。

　メルセデス・ベンツに乗るなら、将来のリセールバリューがどうであっても、自分が乗っているあいだの安全性を確保するためにも、絶対に右ハンドル車を選ぶべきである。

　メルセデス・ベンツにとって、世界的に見て右ハンドル車の市場のほうが小さいため、右ハンドル車づくりにあまり熱心になっていないきらいがあるのも事実だ。ATレバーの表示部分が左ハンドル車用のものになっている例があるし、ウインカーがステアリングコラムの左側についているのも一例だ。

　ウインカーについてはISOの規定がそうなっているらしいが、W124の右ハンドル車ではウインカーを右側に設けたことがある。もっと一生懸命に右ハンドル車をつくって欲しいと要望しておこう。

●車両価格400万円のCクラスは支払い総額はいくらか

　さて、それでは具体的に購入する際の費用などについて、次頁の表にあるようにC200コンプレッサー・アバンギャルドを例に見てみよう。というのは、新型CクラスC200コンプレッサー・アバンギャルドだからだ。

　グリル内に大きなスリー・ポインテッド・スターを設けたデザインが好きか嫌いかにもよるが、エレガンス系よりもアバンギャルド系のほうがよく売れている。個人的にはエレガンス系のほうが好きだが、そのように言うのは年齢の高い人が中心なのだそうだ。

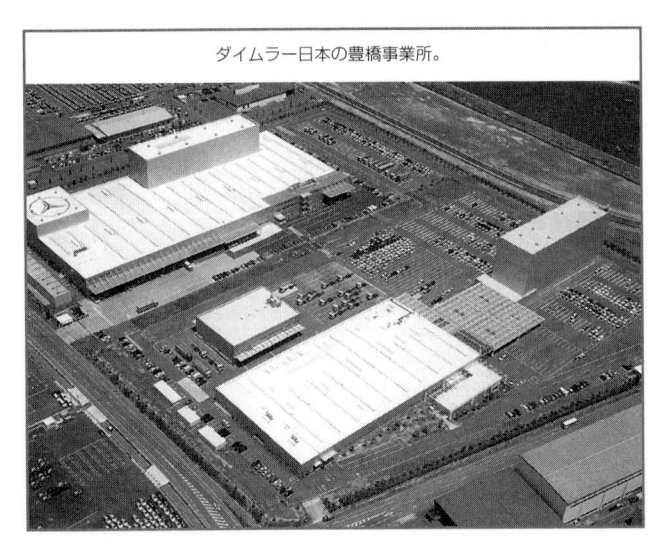

　ただ、車両価格を見るとアバンギャルドのほうに割安感がある。基本部分は共通で、内外装の仕様に違いがあるだけだが、本体価格自体はアバンギャルドのほうが10万円高い460万

ダイムラー日本の豊橋事業所。

117

円だ。

　ところが、アバンギャルドではバイキセノンヘッドライトやアクティブヘッドライトなどのセットが標準装備されているのに、エレガンス系ではこれがオプション設定で価格は14万7000円だ。合計するとアバンギャルド系のほうが安くなる。

　C200アバンギャルドを選ぶときに必要となるのは、オプションは7万4000円のメタリックペイントくらい。というか、Cクラスに設定されているボディカラーのうち標準価格で買えるソリッド塗装は白と赤だけで、ほかの9色はすべてオプションのメタリック塗装代が必要になる。輸入車ではこうした例がよくあるが、ちょっとズルいなと思わせる価格設定でもある。

　欲しいなら、スポーティなAMG仕様の外観や大型のブレーキ、スポーツサスペンション、本革シートなどをセットにしたアバンギャルドSパッケージもあるが、これは60万円もする。

　ガラススライディングルーフは16万8000円で装着できるが、これがなんと20kgの重さがある。標準ルーフ車なら車両重量が1490kgなのにスライディングルーフを装着すると1510kgになり、自動車重量税の区分がひとつ上になってしまう。わずか10kgのオーバーで500kg重いクルマと同じ年間6300円増の税負担になるのでは、私だったらスライディングルーフを装着する気になれない。

　このほか、8万4000円のパークトロニックや5万3000円の盗難防止警報システムなどもあるが、必要性はさほどでもないだろう。

　で、メタリック塗装だけでも、実際にCクラスを手に入れようとしたら500万円台前半の予算が必要になる。自動車税額は購入する月によって変わり、何月に買っても購入時の負担は3万9500円未満の納税額で済む。

●ローンで買うなら頭金はどれくらい必要か

　Cクラスは良いクルマだが、購入金額が500万円を超えるとなると、現金でポンと払えるユーザーは少ないだろう。そこそこの下取り車があったとしても現金で払うのはけっこう大変なはずだ。で、実際に買うときにはローンを利用することになる。

　メルセデス・ベンツに限らず輸入車では、国産車に比べてローンの金利が安い。低金利時代の今は銀行ローンよりも低い金利で輸入車購入のローンが利用できたりする。クルマを買うときに借金をするのは積極的に勧められることではないが、輸入車のローンなら金利負担は少なくて済む。

　といっても、Cクラスのローンを組むときに、いきなり全額をローンなどという買

C200コンプレッサー・アバンギャルド購入にかかる費用	
車両価格	4,600,000円
メタリック塗装	74,000円
合計車両価格	**4,842,000円**
自動車取得税	203,000円
自動車重量税	56,700円
自動車税(参考年税額)	39,500円
自賠責保険料	44,410円
登録関係諸費用	約50,000円
諸費用合計	**393,610円**
合計現金価格	**5,235,610円**

い方は勧められない。そんなローンを組もうとしたら、信用力が疑われて信販会社の審査に通りにくくなるし、いくら低金利であるといっても借りる額が大きくなれば金利負担も大きくなる。

また、全額をローンにしたら長期の分割払いにせざるを得なくなるが、そうすると途中で代替したくなったときに、クルマを売却した代金では借りたローンを清算することができず、ローン清算のために現金を用意しなければならなくなる。そんな状態だと、次のクルマもまた頭金なしで買わなければならなくなり、いつまでもローンの重荷から抜け出せなくなる。

なので、下取り車を含めた頭金として、車両価格の3分の1または支払い総額の3分の1くらいは用意するようにしたい。523万円ほどのCクラスを買うなら、150万円をメドというか173万5610円を用意し、ローンの残金を350万円くらいに抑えたい。これでも、払うのはけっこう大変だ。

◎合計現金価格　5,235,610円　・36回均等払い　103,600円（3,731,242円）
・頭金　　　　　1,235,610円　・48回均等払い　 79,300円（3,808,335円）
・割賦残金　　　3,500,000円　・60回均等払い　 64,700円（3,886,425円）

350万円を年利4.2％のローンに組んだ場合の返済額はざっと上右のような金額になる。36回までで返済を終えようとしたら、毎月10万円以上の返済額を払い続けなければならない。クルマを維持するための費用やガソリン代、高速道路代などを考えると、車両のローンを毎月10万円も払い続けるのは大変だ。買う人の収入との関係で、出費に回せる金額がどのくらい余裕があるかによっても変わるが、48回払いや60回払いなどを考える必要もあるだろう。

返済回数を長くすれば、毎月の返済額が少なくなって返済が容易になる。48回なら8万円ほど、60回なら6万5000円ほどになるから、比較的返しやすくなる。ただし、返済回数が長くなるとその分だけ金利負担が増

ダイムラー日本の豊橋部品センター。

えるので、返済するときの総額が増える。この点にも注意する必要がある。
　そこで、もうひとつの対応として考えられるのがボーナス併用払いだ。年に2回のボーナスが確実にアテにできる人なら、ボーナス払いを併用することで毎月の返済額を少なくすることができる。
　年に2回のボーナス時に10万円ずつを増額して返済すると、毎月の返済額は以下のようになる。

・割賦残金　3,500,000円　　・36回ボーナス併用払い　　86,900円（100,000円×6回）
　　　　　　　　　　　　　・48回ボーナス併用払い　　62,600円（100,000円×8回）
　　　　　　　　　　　　　・60回ボーナス併用払い　　48,100円（100,000円×10回）

　これくらいの返済額になると、かなり現実的なものになるのではないか。メルセデス・ベンツなら5年間乗ってもヤレが少なくてしっかり乗れるし、リセールバリューもきちんと残るから、その時点で次のクルマに代替するのも容易である。もちろん5年目の段階で、さらに車検をとって長く乗るのが最も良い選択になるのは当然である。

●支払い額の少ない残価設定型ローンでの購入は有利か

　新車の売れ行きが鈍くなった最近では、残価設定ローンとかリース型ローンと呼ばれるタイプのローンを採用する例が増えている。残価設定ローンにはあまり熱心ではなかった国産車ディーラーでも、販売促進の有効な方法と見て積極的に勧める例が増えてきている。
　残価設定ローンのルーツはオニキスのワンナップシステムで、それが輸入車ディーラーで広く使われるようになり、国産車ディーラーにも広がってきたのが最近の状況である。
　ワンナップシステムが考案されたのは、たとえばスカイラインGT-Rなどを60回払いなどの長期ローンで買った若いユーザーが、5年間も乗り続けることができず、3年程度で代替しようとする例がよく見られたためだ。ところが、少ない頭金で長期のローンを組んだのに途中で代替しようとしても、ローンの残金が大きくてクルマを手放しただけでは足りないような結果になってしまう場合がある。結局、無理をして現金を用意するか、代替を諦めるかの選択になってしまうのだ。
　そうしたユーザーが多いのを見て、どうせ3年で手放すなら、最初から3年で完結するローンを用意しようとしたのがワンナップシステムだ。単純に3年払いにしただけでは毎月の返済額が多くなってしまうだけだが、3年後にクルマを引き取る前提で、その分を据え置きにすれば、毎月の返済額が少なくなる。これが残価設定ローンの仕

第3章 メルセデス・ベンツの何をどう選ぶか

組みである。

　もちろん、メルセデス・ベンツを販売するディーラーでも残価設定ローンを採用しており、金利は4.2％で通常のローンと同じだ。3年で完結する残価設定ローンの場合には、40％の残価率が設定されるというから、35％程度の残価率しか設定されない国産車に比べ、リセールバリューの安定しているメルセデス・ベンツは、有利な条件で残価設定ローンを組むことができる。

ダイムラー日本の新車整備センター。

　先のアバンギャルドの例で、460万円のうち40％とすると、184万円が据え置きになる。3年間で分割払いにする分は276万円でよい計算だ。税金などの分を含めても、320万円弱を分割払いにする計算になる。

　先に紹介した350万円を通常のローンにするのに比べ、毎月の返済額が1割ほど少なくなると思えば良い。具体的には頭金の額などによってさらに細かく返済額が変わるので、メルセデス・ベンツのディーラーで相談して欲しいが、頭金のないユーザーでも頭金を入れたのと同じような感覚でローンが組める。手持ち資金のないユーザーには便利なローンであるのは間違いない。

　とはいえ、残価設定ローンは必ずしもお勧めではない。これはメルセデス・ベンツCクラスを買う場合でもそうだし、残価率の設定が低い国産車を買う場合ならなおさらだ。

　というのは、残価設定ローンはクルマを売る側の都合ばかりが見えすぎるからだ。最初に挙げられるのは3年で完結する（メルセデス・ベンツでは5年の設定もある）設定にしていることだ。今どき、クルマは7年くらいは乗るのが普通で、それよりも長く乗るユーザーが増えているというのに、3年ごとの代替を勧めるような残価設定ローンは、売る側が上得意の客をつくりたいためにやっているようなものだからだ。

　3年後の時点で、改めて据え置き分の金額のローンを組んで、そのまま乗り続けるという選択も可能だが、いずれにしても3年目の時点でクルマの代替を検討せざるを得ず、ディーラーとしては積極的に次のクルマを勧めるキッカケになる。

　3年目の時点で代替させることに成功すれば、滅多に出てこない3年落ちの中古車が手に入るというメリットがディーラーにある。それも残価設定ローンの期間中しっかりメンテナンスを受けた素性がはっきりしていた品質の高い中古車だから、ディー

121

ラーはこの中古車の販売で、また儲けられるわけだ。

　頭金のないユーザーに高いクルマを買わせ、それを3年ごとに代替させることで、新車と中古車でうまい商売をしたいという、売る側の都合が丸出しともいえるのが残価設定ローンである。手持ち資金がないユーザーが初めてメルセデス・ベンツに乗るときに残価設定ローンを利用するにしても、次からは通常のローンに切り換えるなど、しっかりした展望を持って利用することが大切だ。

　メルセデス・ベンツCクラスでは残価率が40％の設定なので比較的良いが、オニキスのワンナップシステムでは50％を残価率として設定している。これくらいだと毎月の返済額はますます少なくなるので、ユーザーの側のメリットも大きくなる。売る側がそれくらいのリスクを取らないと、残価設定ローンも積極的に勧められるものにならないというわけだ。

●メルセデス・ベンツのディーラーは近寄りがたいか

　輸入車ディーラー、中でもメルセデス・ベンツなどの高級車を扱うディーラーは、ヤナセにしてもシュテルンにしても、敷居が高くて入りにくいという声を聞くことがある。

　確かに高級車ディーラーではブランドイメージを確保するため、立派で格調の高い店構えとし、セールスマンの対応も国産車ディーラーのものとは違うレベルのものだったりする。それが、ときには近寄りがたいと思わせるくらいの敷居の高さとして感じられることがあるようだ。

　でも、メルセデス・ベンツも基本的には量販を目指しているブランドだ。敷居の高さなどを感じることなく、居心地の良いショールームとていねいな対応のセールスマンに満足すれば良いだけだと思う。特にヤナセのセールスマンのていねいな対応は、ともすれば国産車メーカーから揶揄されることもあるほどだ。

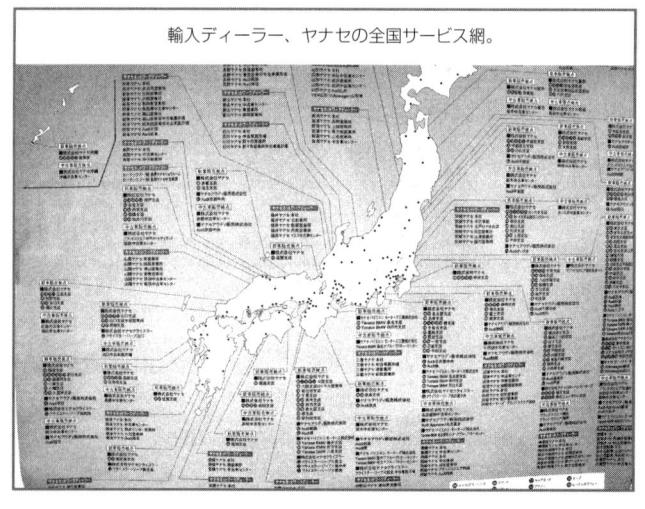

　ダイムラーの最高級ブランドであるマイバッハになると、ショールームの様子は外からうかがうこ

輸入ディーラー、ヤナセの全国サービス網。

ダイムラー日本のショールーム。

ともできないし、入って商談するにも予約が必要で、敷居の高さは人間の身長を超えるのではないかと思わせるほどだが、これは特別なことでメルセデス・ベンツではそのようなことはない。

気軽に入っていってカタログをもらって帰るだけでも、悪い印象を持つことはないと思う。敷居の高さは実際に入ったことのない人が感じていることではないか。万が一、そのように感じさせるようなことがあっても、今はヤナセ系とシュテルン系の販売チャンネルがある。異なるチャンネルを選ぶことで解消することも可能だろう。

いきなりメルセデス・ベンツのショールームに入ることに抵抗を感じる人は、インターネットディーラーの見積もりサービスを利用するという方法もある。カービューやオートバイテルなどのネットディーラーを通じて見積もりをとるだけなら、メルセデス・ベンツを売るディーラーの敷居の高さを感じることはない。

最終的には書類の受け渡しなどもあるので、セールスマンと相対で商談をまとめることになるが、見積もりから商談の途中まではメールによるやりとりだけで済ませることも可能だ。

カービューやオートバイテルは見積もり依頼の仲介をする形だが、ネットディーラーの中には直接ユーザーにクルマを販売する仕組みを採用している例もある。かつてはそうしたタイプのネットディーラーが破綻してユーザーに被害が及んだ例もあるから注意が必要だが、見積もりを受け取った後の商談はメルセデス・ベンツを扱う正規ディーラーと交渉する形になるのなら基本的に問題はない。

●メルセデス・ベンツも値引きして販売するのか

スーパーやデパートで商品を買うときに値引き交渉をする人を見かけることはまずないが、高額商品であるクルマを買うときには、ほとんどの人が値引き交渉をした上で購入している。

というより、クルマを売るディーラーの側が、相手の顔色を見て売値を決めるような旧態依然の商売をしているのが日本の新車ディーラーである。特に国産車では、メーカーから押しつけられたクルマをどう売り捌くかで苦労しているディーラーが、

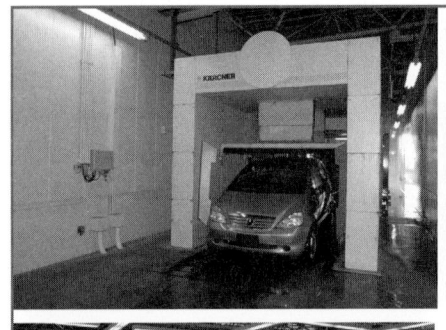

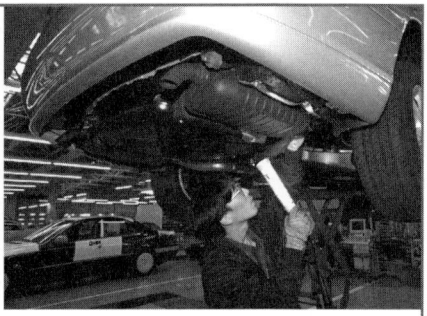

茨城県日立市にあるダイムラー日本の整備基地。ここに到着した新型車は、ディーラーに送られる前に不具合個所がないか入念にチェックされる。

最終的に値引きによって商談をまとめる例が多い。

　国産車に比べると値引きが少ないのが輸入車で、安定した人気を保っているメルセデス・ベンツやBMWなどは値引きの少ないブランドとして知られている。ポルシェなどはさらに手堅い販売をしている。

　ただ、安定した人気を保つメルセデス・ベンツやBMWでも、状況によっては値引きを迫られることはしばしばある。ドイツから日本に持ってくるクルマは必ずしも受注した後で生産して輸入されるわけではない。それでは、注文から納車までに時間がかかりすぎてユーザーから嫌われてしまう。

　このため、ある程度は売れ行きを見込んでボディカラーや仕様を決めて輸入するのだが、それが完全にユーザーの需要にマッチするとは限らない。オプション装備やボディカラーなどによっては、どうしても売れ残るクルマが出てくる。そんなクルマに対しては値引きも行われるのは当然のことだ。

　かつてはイヤーモデルのシステムを採用していたインポーターが、イヤーモデルの切り換え後まで売れ残ってしまったクルマに対し、数十万円単位の値引きをするなどという例もあった。今ではそれほど極端な例はなくなったものの、売れない輸入車は値引きしてでも処分するしか方法がないのがインポーター商売の宿命である。

　だから、メルセデス・ベンツでも状況によっては値引きがあるのだが、発売された

メンテナンスの講習。

ばかりのCクラスを大きな値引きで買おうとしても、それは無理というもの。低金利ローンやメルセデスケア、24時間ツーリングサポートなど、国産車にはないサービスを用意することで、車両価格の値崩れを防ぎ、安定した商売をしたいというのがメルセデス・ベンツを始めとする輸入車ディーラーの基本だ。

　Cクラスの値引きを期待したいなら、発売から1年くらい経過した後で、不人気色のクルマが売れ残っていないかどうかを調べ、そうしたクルマで値引き交渉するしかない。

第4章 中古車購入の指針と予算別ガイド

中古車市場でも新車以上に高い人気を集めるのがメルセデス・ベンツ。新車なら最低でも400万円以上となるCクラスでも、中古車なら100万円以下で買えるクルマもある。

中古車の価格は品質を反映したものなので、単に安いクルマを選べば良いというわけではないのはもちろんだが、新車に比べて少ない予算でメルセデス・ベンツに乗れる中古車ならではの購入法もあるので、ここでは、販売店選び、クルマ選び、予算のかけ方などについて見ていくことにする。

●安さを追って失敗するな

まず最初に心得ておいてほしいのは、メルセデス・ベンツなど輸入車の中古車を買うときには、絶対に価格の安さを重視して中古車を選んではいけないということだ。安いメルセデス・ベンツを欲しいという気持ちが先行すると、品質の劣る中古車を選んで失敗する。そうしたユーザーがあまりにも多いのだ。

同じ年式で同じグレードの中古車が2台あり、価格に20万円とか30万円の違いがあったとしたら、そのときには間違いなく高いほうの中古車を選ぶのが正解である。でも、このことを理解できる人は意

ヤナセのユーズドカーショールームに並ぶ中古車。

外に多くない。少しでも安くメルセデス・ベンツに乗りたいと思って中古車に注目しているから、あえて高いクルマを選べといっても、なかなか理解してもらえないのだろう。

でも、高いほうの中古車を選んだほうが失敗が少ないのは確かだ。価格の安いクルマには安いだけの理由があるし、高いクルマは品質が確保されているゆえに価格も高いのが普通だ。目先の価格に惑わされることなく、品質の良いクルマ、つまり価格の高いクルマを選ぶようにすることがカギである。

もうひとつ、中古車の価格を比べるときには単純に価格だけで比べるのではなく、支払い総額で比べることだ。中古車販売店の中には、表面的な価格を安く見せかけながら、高い諸費用を設定するような分かりにくい商売をする店が相変わらず多い。

クルマ雑誌やインターネットの在庫情報を見ても、実際にそのクルマを手にするための予算がいくらになるかは分からない。具体的な見積書を書いてもらって比較するしかないのだ。

そして、比べた2台の支払い総額が同じだったら、この場合も迷うことなく、クルマの価格が高いほうを選ぶこと。支払い総額が同じなら、車両価格が高い中古車のほうが、クルマの価値が高いことになる。諸費用の割合が多くて車両価格が安いクルマは、それだけの品質しかないことになる。価格の高いクルマを選べば、将来的な値落ちの面でも有利になる。メルセデス・ベンツに限ったことではないが、安さに惑わされると中古車選びで失敗する。このことをしっかり頭に入れておいて欲しい。

●輸入中古車市場で不動の人気ナンバーワンはメルセデス・ベンツ

日本の輸入車市場では、新車の販売台数ではVWが7年にもわたって首位を続けているし、車種別でもゴルフが首位でBMW3シリーズがこれに次ぐ展開だ。メルセデス・ベンツはブランド別の新車販売台数で2位の座を確保しているものの、必ずしも首位に立つような状況ではない。かつては新車販売で首位に立つこともあったが、最近ではやや状況が変わっている。

ところが、中古車の販売台数で見ると一貫して首位の座を続けているのがメルセデス・ベンツだ。2006年の車名(ブランド)別の中古車登録台数を見ても、メルセデス・ベンツが11万9565台だったのに対し、2位のBMWは9万499台、新車では首位のVWも中古車では3位に落ちて8万8753台となる。これに次ぐのがボルボの3万4379台だから、メルセデス・ベンツの台数がいかに突出しているかが分かるだろう。輸入組合がデータを公開している2002年以降のランキングを見ても、BMWとVWが2位と3位で入れ替わることはあっても、メルセデス・ベンツの首位は揺らいでいない。

中古車市場でメルセデス・ベンツがよく売れていることには、いろいろな理由があ

る。まず第一に挙げられるのはブランド力の高さで、メルセデス・ベンツというだけで販売店も手堅く売れるクルマとして扱うし、ユーザーにとっても安心して買えるクルマになる。歴史の中で培われてきたブランド力の高さが、売れ行きの良い第一の理由だ。

　耐久性の高いクルマづくりを続けてきたことも、中古車市場での高い評価につながっている。たとえば、VWのゴルフでは10年を超えて商品価値を維持できる台数は少ないが、メルセデス・ベンツなら10年程度で解体されてしまうクルマは少ない。

　BMWとの比較で見ても、BMWでは3シリーズが主力となるのに対し、メルセデス・ベンツではSクラスやEクラスなど上級モデルの比率が高い。その分だけ年式の古いクルマの生き残る率が高くなり、結果として、売買される中古車の台数が多くなる。

　このように、いろいろな理由からメルセデス・ベンツが中古車市場で評価されているが、中古車市場での評価の高さは、そのクルマに対する本当の意味での評価といえるのではないか。新車時の一時的な人気だけでなく、長く安定した人気を保てるようなクルマづくりをメルセデス・ベンツが続けているからで、それこそがブランド力なのである。

　メルセデス・ベンツの持つ信頼性や耐久性、安全性や快適性、ステイタス性などの魅力は中古車になってもあまり衰えない。輸入車でも、ブランドによっては中古車になっただけで大きく価値を下げてしまうクルマがあるのに比べると、メルセデス・ベンツの中古車は長きにわたって安定した価値を保ち続ける。

　そのために、中古車の価格も高めの水準に維持されている。新車に比べたらはっきり安いものの、他ブランドの輸入車に比べたら、新車価格からの値落ち率が小さめなのが普通だ。

　こうした販売される価格を見て、メルセデス・ベンツは中古車になったときのリセールバリューが高いと言われるものの、話はそれほど単純ではないところがある。

　メルセデス・ベンツだって中古車になれば値落ちするし、車両価格が高い分だ

ベンツ伝説を支えるクラフトマンシップ。

け値落ちの額は大きめだったりする。輸入車の中古車では、販売店の得るマージン幅が大きめになることがあるので、中古車として販売されている価格ほどにはリセールバリューは高くなかったりする場合もあることを知っておこう。

ベンツの安全性・耐久性を支える衝突実験。

もちろん、ブランド力の弱いほかのメーカーの輸入車は、もっと大きな値落ち率を刻んでいるし、国産車の多くもメルセデス・ベンツより値落ちは大きい。でも一部の人気国産車なら、値落ちの率やあるいは額でいえばメルセデス・ベンツより値落ちが少ないクルマもある。このことは、きちんと理解しておくべきだ。

●メルセデス・ベンツを中古車で選ぶ

そうはいっても、価格が高いメルセデス・ベンツは、中古車を選べば価格の高さも和らいで、メルセデス・ベンツが身近なものになる。中古車は主に年式に応じて新車価格から値落ちし、さらに品質や装備や人気度などによって価格差がついていく。

新車のメルセデス・ベンツにはとても手が出ないという人でも、中古車にすると割り切って考えたら、メルセデス・ベンツが現実のものになる。

しかも、中古車を前提にすれば、選択の幅が大きく広がるのもメリットだ。仮に500万円の予算があってメルセデス・ベンツを買おうとしても、新車ではCクラスくらいしか選べない。予算を余らせてAクラスやBクラスを選ぶことも可能だが、それでも選択肢の広がりはそこまでだ。

500万円の予算で中古車を選ぶなら、新車とほとんど品質の変わらないCクラスを選ぶことができるし、少し年式を落としたEクラスを選ぶこともできる。さらに年式を落としたSクラスを選ぶことだってできるのだ。同じ予算でも、年式が違えば異なるクラスのクルマをターゲットにできるのが中古車選びのメリットだ。限られた条件で新車を買うのに比べたら、中古車選びには、はるかに大きな夢がある。

といっても、100万円の予算でSクラスの中古車を買おうとしたら、最低でも10年落

ちよりも古い中古車にならざるを得ない。その予算でSクラスを選ぶのが良いかどうかは大いに疑問だ。中古車は1台ごとに品質や価格が異なるから、中には100万円のSクラスにも思わぬ良い中古車があるかも知れないが、中古車で掘り出しものが見つかると思うのは考えが甘い。選択肢が広がったからといって、安易な中古車選びをしたら失敗する。

●価格の安さ以外にも中古車を選ぶ意味やメリットがある

中古車は価格の安さだけがメリットではない。前のユーザーが使うことによって、調子の出てきたクルマに乗ることができるというメリットもある。

前にも書いたように、メルセデス・ベンツは10年10万kmどころか20年20万kmやそれ以上のレベルの耐久性を考えたクルマづくりをしているが、日本ではそのような使われ方をする例は非常に少ない。

極端な場合には3年落ち以内の短期間で代替されるし、3年目や5年目の車検を機会に代替されて中古車市場に出回ってくる中古車もある。中古車の走行距離はさまざまだが、日本での平均的な使われ方を考えたら年に1万km程度だ。つまり、3万kmから5万km程度の少ない走行距離で手放されてしまう中古車も多いのだ。

5万kmはともかく、3万kmやそれ以下の走行距離だったりすると、メルセデス・ベンツにとっては、やっと調子が出てきたタイミングだったりする。

最近は、部品そのものや部品の組付け精度が高くなったので、機能部品がしっかりなじんでよく働くようになるまでの期間が短くなっているが、それでも、最初の1万kmくらいではまだ当たりがとれたとはいえない段階で、3万kmくらいからやっと本調子になるタイミングと考えて良い。

ハイグレードなSクラス。98年S430、ほぼ10年落ちだがベンツの耐久性を考えれば良いものはそれなりの価格だ。

それくらいの段階で中古車市場に出回ってきたクルマなどは、本当の意味でおいしい中古車ということができるだろう。中古車の走行距離は単に短ければ良いというものではなく、年式相応に走っているクルマのほうがコンディションが良かったりするのだが、国産の中古車では急に買い手が少なくなるという5万kmくらい走った中古車でも、メルセデス・ベンツなら、まだまだこれからという感じで乗ることができる。

●中古車ではクルマを選ぶ前に販売店を選ぶことが大切

メルセデス・ベンツの中古車は、さまざまな中古車販売店で売られている。だからこそ、中古車のコンディションを見るより先に、まずは販売店を選ぶことが大切だ。はっきりいえば、ヤナセのブランドスクエアに行って、豊富な在庫の中から自分の好みに合う中古車を探すのが一番いい。

一般の中古車販売店では、ヤナセでの販売価格を見て、それよりも少し安い価格を設定するのが普通だから、ヤナセで販売されるメルセデス・ベンツの中古車は、一般の販売店に比べるとやや高めになる。でも、価格が少々高くても、それなりのメリットがある。ヤナセの信用力とヤナセで販売しているメルセデス・ベンツ中古車のコンディションの良さを考えたら、多少の価格の差を気にしている場合ではない。

ヤナセはメルセデス・ベンツの主力ディーラーであり、新車でも中古車でも圧倒的にたくさんのメルセデス・ベンツを販売してきた。それによって培われてきたノウハウは膨大なものがあり、その蓄積が中古車の販売前の仕上げに生かされている。

ヤナセで販売しているメルセデス・ベンツの中古車は、そのほとんどがヤナセが新車を販売して定期点検などによって、しっかりフォローしてきたクルマばかりだ。しかも、入庫してきた中古車の中から、品質の高いものを選んでブランドスクエアなどで販売しているのだから、中古車のクオリティがそもそも違っている。

クルマに対して入念な整備をした上で販売しているのだから、メルセデス・ベンツの中古車を買うときの安心感に違いがある。

販売前に入念な整備をしているだけに、ヤナセで販売した中古車に不具合が発生する確率は非常に低いが、万が一不具合が発生しても、万全の保証制度によってカバーされるから、買った後の安心の度合いも違う。初めてメルセデス・ベンツを買うユーザーなら特に重要なことだ。そうでないユーザーでも安さに惑わされて買うより、少々高くてもヤナセで買うほうがずっと良い。

非常に残念なことだが、中古車販売店の中には数は少ないにしても悪質な店もあるのが実情で、輸入車の中古車販売店に悪質な店が多いのも確かだ。これまでにさんざん問題とされてきた、走行メーターを巻き戻したり、事故車であることを隠して販売

する店だって、まだまだあるのが実情なのだ。

このほかにも、高い諸費用でぼったくりの商売をしたり、税金をごまかしたり、保証付きと言っておきながら不具合が発生しても対応しないなど、悪質な中古車販売店に痛い目に遭ったという話を聞いている。

もちろん、輸入車の中古車販売店の中にも真っ当な店はあって、ヤナセに負けず劣らずの商売をしている例がないわけではないが、そのような良い店かあるいは悪質な店なのかを見分けるのがなかなか難しいところがある。

ヤナセのユーズドカー・ショールーム。

●インターネットの通信販売やオークションの利用はどうか

中古車には通信販売という販売形態があるが、これもトラブルが多いようだ。かつてはクルマ雑誌の広告を見て遠方の販売店に注文をだしたら、広告の写真とは似ても似つかないような粗悪な中古車が送られてきた、などというケースがよくあった。

受け取りを拒否しようにも、陸送会社が直前に名義変更したばかりのクルマを届けてくるのだから、受け取らないわけにもいかず、止むなく受け取った上で遠方の販売店に電話をしても木で鼻をくくったような対応しか得られず、泣き寝入りするしかないというのが典型的なパターンだった。

現在では、これにインターネットの在庫情報に基づく通信販売が加わっているが、トラブルの図式は基本的に同じである。

そもそも中古車は、1台ごとに品質や価格が異なるという特殊な商品だ。新車なら工場から出荷される段階で検査を受けており、品質的には一定と思われるし、価格も一応は定価があって安定している。これに対して、中古車は商品の性格が大きく異なり、1台ごとにクルマの状態などを見分ける努力が必要な商品だ。

にもかかわらず、雑誌やインターネットの在庫情報をベースに、現車を見ることもなしに遠方の販売店から中古車を買うというのでは、だまされたり失敗しても仕方がない。買う側が間抜けに過ぎるのだ。

在庫情報を利用して中古車を買うのなら、情報だけを見て買うのではなく、実際に

販売店に足を運んで販売店やセールスマンの信頼性を確認し、さらに現車をしっかり確認した上で契約するなどの方法をとるしかないが、それだってうまくいくという保証があるわけではない。そんなことをするくらいなら、最初からヤナセに行ったほうが良いのだ。

インターネットのオークションになると、さらにひどい事例がテンコ盛りだ。販売店が個人ユーザーを装って出品し、現状販売であることを言い訳にメーターの巻き戻しや事故車を知らんふりをして売ってしまうようなケースがごまんとある。ネットオークションの全部が悪いということではないのだろうが、ネットオークションで良いクルマが安く手に入ることは絶対にないと断言しても良い。

●保証付きの「認定中古車」とはどんな中古車か

認定中古車という言葉を使い始めたのはBMWジャパンだったが、それがユーザーにアピールしたために、今ではほとんどすべてのインポーターが認定中古車のような制度をつくっている。

ヤナセはBMWよりも早くから保証制度を設けていて、当時は認定中古車という呼び方をしていなかったが、実質的には同等の中身を持つ制度をつくっていた。BMWが認定中古車を扱うようになった後、ギャランティードカーという呼び方でヤナセの認定中古車を販売している。

メルセデス・ベンツの中古車がやや微妙なのは、ヤナセだけでなくシュテルン系のディーラーでも中古車を販売していることだ。このため、ヤナセのギャランティードカーとしての認定中古車と、ダイムラー日本の基準に基づくサーティファイドカーという名前の認定中古車がある。

どちらも、販売前の段階で数十項目から最大で100項目にも及ぶ入念な整備をした上で販売し、24時間ツーリングサポートや1年間走行距離無制限の保証が付けられたりするなど、ほぼ同様の内容となる。

ヤナセやメルセデス・ベンツの正規ディーラーであるシュテルン系の中古車販売店で買えば、メルセデス・ベンツの中古車は、まず安心して乗れると思っていい。

ヤナセだろうとシュテルンだろうと、認定中古車の価格は絶対に高い。一般の販売店では展示する前に多項目の点検整備をすることはまずないが、認定中古車では、それをした上で販売しているのだから、価格が高くなるのも当然である。認定中古車の価格の高さは品質の高さを反映したものなのだ。

●認定中古車以外の中古車を選ぶなら

どれだけ口を酸っぱくしてヤナセで認定中古車のメルセデス・ベンツを買えといっ

ヤナセ認定中古車のポスター。ヤナセは各地に中古ベンツのショールーム・販売センターを持っている。

ても、そのようにできない人もたくさんいるだろう。みすみす高いお金を出して中古車を買うことはできないと考える人がいるのも、ごく当然のことだ。そして、運が良ければ、安く買った中古車に何も問題が発生せず、安上がりなカーライフを楽しむ可能性だってないわけではないからだ。

だから、そうしたユーザーのために認定中古車以外のメルセデス・ベンツを買うときの注意点をいくつか紹介しておこう。

最低条件となるのが試乗した上で中古車を買うことだ。買った直後に不具合が発生したなどというユーザーの話を聞くと、購入前にも試乗をしていないというケースがほとんどだ。わずかな距離でも走らせてみれば分かるはずの基幹部分の不具合が、試乗をしなかったために買った後になって分かったなどというのではどうしようもない。

そのようなクオリティの低い中古車を販売する店に限って、不具合に対して何の面倒も見てくれないなんてケースが多いから、取り敢えず、まともに走るクルマであるのかどうか、実際に走らせて確認したい。

定期点検記録簿付きの中古車を選ぶのも当然のこと。過去の定期点検や走行距離の記録が書かれている定期点検記録簿は、付いているのが当然のもの。付いていない中古車は、走行距離をごまかすなどした悪質な販売店が捨ててしまったケースがほとんどと考えられる。悪質な販売店に限って「ユーザーが捨ててしまう」などと言うが、わざわざそんな面倒なことをするユーザーはそうはいない。

2年ほど前から、車検証にも走行距離が記されるようになったので、メーターの巻き戻しの不安は解消の方向に向かっているが、3年目の最初の車検までに10万km

ヤナセの中古車ショールーム。Aクラスの在庫も多い。

走った中古車のメーターを3万kmに巻き戻されても車検証では分からない。定期点検記録簿があれば、それが分かる。記録簿のない中古車は絶対に買わないことだ。

次に大切なのは、保証の内容を保証書によってしっかり確認できる中古車を選ぶことだ。最近では、たいていの中古車販売店が保証書を用意しているが、店によっては口約束で「たいていのことは面倒を見るから持ってきなよ」なんて言うだけで、イザ不具合が発生すると知らんぷりというケースはよくあることだ。中古車の購入は契約行為で、きちんとした文書による保証でないと、イザというときに対応してもらえないと思ったほうが良い。

●車両価格以外に30万円の予算をみておくことの意味は？

認定中古車以外の中古車を選ぶなら、購入資金のほかに30万円くらいの手持ち資金は使える状態で用意しておくことだ。

入念な整備をした上で販売される認定中古車と違って、普通の中古車は買った後で不具合が発生する可能性が高い上に、その不具合が保証の対象にならなかったり、そもそも保証が付いていないクルマだったりするから、万一のときに備えて30万円くらいの余裕を見ておくのだ。

中古車を買うときには、ついつい上級のクルマに目が行きがちで、自分の予算を目一杯に使って買ってしまいがち。実際、そのほうが品質の高い中古車が手に入ることも多いのだから、高いクルマを選ぶのは間違っていないのだが、万が一の不具合を自分で何とかしなければならないとしたら、30万円くらいの余裕資金は必要である。

30万円くらいのお金があると、エンジンやトランスミッションなどのトラブルでも何とかなる。もちろん、トラブルの内容や購入した車種、年式などによって単純にいえる話ではないが、イザというときに目安になる金額が30万円と思ったらいい。

認定中古車以外の中古車を選んで購入後に30万円かかったなら、認定中古車を選んだのと同じだったと思うだろうし、その30万円を使わずに済んだなら、認定中古車を買うより安上がりだったと思えば良い。そのギャンブルをしたくないユーザーは、最初から認定中古車を買えば良いのだ。

●何年落ち、何万キロ走行までなら大丈夫か

メルセデス・ベンツは耐久性の高いクルマづくりをしているので、基本的に年式の古い中古車でも立派に通用するといえる。とはいえ、メルセデス・ベンツでもAクラスとSクラスでは耐久品質に対するお金のかけ方には大きな違いがあるから、Aクラスでも Sクラスでも十数年落ちまで大丈夫というわけにはいかない。といっても、Aクラ

1997年Eクラスワゴン。

スが日本で発売されたのは1998年9月だから、まだ9年落ちのクルマまでしかないが。

またメルセデス・ベンツ車も、ユーザーの使い方やどんなメンテナンスを受けてきたかによって耐久性に違いが出るのは当然のこと。一概に何年落ちまでなら大丈夫と判断することはできない。

塗装ひとつにしても、屋根付きの駐車場に置いてあったクルマと青空駐車場に置いてあったクルマとでは状態に大きな違いが出る。経過年数だけで単純には判断できない。

これは、走行距離についても同じことがいえる。しっかり定期点検を受けたクルマとルーズに使われてきたクルマとでは、仮に走行距離が同じでも、中古車としてのコンディションには大きな違いがあり、何万kmなら大丈夫と一律に決めることはできない。

前に述べたように、個人的な経験からいえばEクラスの足回りは20万km走っても何の問題もなかったし、ATフルードも結果的に交換しないままで乗り続けたが大丈夫だった。だから10万kmやそこらでは何の問題も発生しないと思うが、これも前ユーザーの使い方とメンテナンス次第である。

年式や走行距離ではなくモデルでいうなら、現行モデルを除いて2世代前のモデルまでが目安になる。たとえば2007年6月にフルモデルチェンジを受けたCクラスでいうと、最初のCクラスまでが対象で、その前の190クラスになるとちょっと古くなり

１０年落ちのベンツE400。1997年型。

すぎる。Eクラスは新車がモデルサイクルの終盤にあるが、ひとつ前のモデルが丸型ヘッドライトになったW210型で、その前がミディアムクラスとしてデビューしたW124型だ。その前身となるモデルもないわけではないが、ミディアムクラスまでが限界だろう。

　というのは、3世代以上前のモデルになると自動車技術の進歩の観点から、今の時点で選ぶのが難しくなるからだ。クルマはモデルチェンジを経ることで進化していくが、これは動力性能、シャシー性能、安全性などさまざまな面に及ぶ。3世代も前のモデルになると、さすがにメルセデス・ベンツであっても、今の時代には通用しなくなる。ヒストリックカーとして好きでたまに乗るならともかく、普通に使えるクルマではなくなると思ったほうがいい。

●同年式・同グレード、同じ走行距離なのにどうして価格に差がつくのか

　中古車には定価はない。1台ごとに品質が異なり、それによって価格も変わる特殊な商品なので、中古車はクルマのことをよく分かったベテランユーザーが選び、ビギナーユーザーは新車を選んだほうが良いのだ。ところが、若いビギナーユーザーほど予算に余裕がないのが普通で、新車ではなく中古車を選ぶことになるのが現実だ。

　でも、ビギナーユーザーには品質と価格のバランスを見極めるのが難しい。というか、価格ばかりにとらわれてしまいがちなのだ。

　価格が安いということは品質が劣っていることを意味するのに、ついつい価格が安い中古車を選んで、失敗することになる。

　同じ車種、同じ年式、同じグレードで、しかも走行距離までほとんど同じだったりするのに、販売されている価格に違いがあるのは、たいていが品質を反映しているからだ。事故車だったりすれば、当然価格は安くなる。

　事故車を除くと、中古車の品質はメカニカルな部分では走行距離に影響されるが、

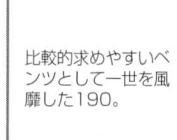

比較的求めやすいベンツとして一世を風靡した190。

ハイグレードなクーペタイプ、1999年CL500。

それ以外にも前ユーザーの使い方によって変わる。特に内装のヤレ具合などは、前のユーザーがどれだけていねいに使っていたかによるし、ボディ回りの小キズについても同じことがいえる。内外装の傷み具合などは本質的なものではないが、中古車の商品性としては大きな要素になるので軽視できない。さらにいえば、喫煙車か禁煙車かの違いも大きな要素である。

また、販売店ごとの売り方によっても価格は変わってくる。前に書いたように、表示する車両本体価格を安くしておき、登録諸費用などを高く設定する店があるからだ。一般に、諸費用の金額が高い店ほど悪質な店である傾向なので注意しておこう。

●ボディカラーや装備による人気と価格の違いをどう見るか

同じ車種、同じ年式、同じグレード、同じ走行距離の中古車でも、価格に大きな違いが出る要素として、もうひとつボディカラーの違いがある。

新車時にはメタリック塗装かどうかで数万円の違いがあるから、それが反映される部分も一部にはあるが、同じメタリック塗装でもボディカラーが違うと、中古車相場にも違いが出るのが普通だ。

やっかいなことに、ボディカラーの人気は常に移り変わっている。それも"無いものねだり"になる形で人気が盛り上がり、中古車相場が高くなるのが普通だ。

メルセデス・ベンツといえば、シルバーアローに象徴されるようにシルバーの人気が高く、またBMWなどと合わせてヨーロッパ車ではダークブルーが昔から高い人気を集めている。だから、シルバーやダークブルーの中古車が高くなることが多いのだが、それが絶対とはいえないのが難しいところだ。

ボディカラーでシルバーの人気が高いということは、新車でもシルバーがよく売れ、中古車市場に流通してくるクルマもシルバーが多いことになる。中古車でも、やはりシルバーの人気が高いので、そこそこ売れるのだが、新車で売れたシルバーの比率が高いために、中古車市場にシルバーのクルマばかりが流通してくるようになると、シルバーがダブついて相場が下がってくる。

新車時にはあまり人気がなかったグリーンなどが、流通している中古車の台数が少ない分だけ相場が高くなったりする。中古車は需給バランスによって、すぐに相場が変化する点に注意しておこう。

こんなときに人気を追いかけて、わざわざ割高なボディカラーの中古車を買うことはない。自分の好きな色の範囲で、中古車相場が割安なボディカラーを選ぶのが賢い選択というものだ。

もうひとつ、装備による中古車相場の違いにも注意しておこう。装備の有無によって価格差が出るものの代表にサンルーフ（スライディングルーフ）がある。中古車関係者が屋根開きと呼ぶサンルーフの装着車は、メルセデス・ベンツの主要車種で高い人気を集めている。

新車時にオプション装着すると15万〜20万円ほど余分に払うことになるが、中古車になるとその差は拡大し、最低でも20万円くらいの価格差が生じるのが普通で、場合によっては30万円もの違いになったりすることもある。これも一種の"無いものねだり"であり、後付けが不可能なサンルーフはあるかないかが大きな違いになる。

逆にAMG仕様のスポーツパッケージなどになると、中古車市場での人気は高いものの新車時に購入する金額も高いので、中古車になったときの価格差は新車時より縮小する。仮に60万円のセットオプションだったとしても、中古車の価格差は40万〜50万円程度になるのが普通だ。それくらいの価格差だと割安感を感じて買うユーザーが多くなり、中古車の回転が良くなるためだ。

●人気の高い旧型Cクラスセダンの狙い目モデルは

Cクラスがフルモデルチェンジを受けたばかりの2007年後半から2008年にかけての時期は、旧型Cクラスの中古車が一番の注目モデルになる。メルセデス・ベンツの中古車ではEクラスやSクラスも流通量が多いが、フルモデルチェンジを受けてCクラスの中古車流通量が増えてくる。

流通量の増加は、短期的には品質の高い中古車の流通増に直結するし、中長期的には相場の下落につながるから、いろいろな意味でユーザーにとって歓迎すべき状況にある。

旧型Cクラスがドイツでデビューしたのは1999年6月で、日本では2000年9月から輸入が始まっている。年式の幅が7年もあるため流通している中古車の価格帯も拡大している。2000年にデビューした当初の初期モデルなら100万円を切るくらいの水準でも手に入るし、2006年式なら300万円台に達する。逆にいえば、予算に応じていろいろなモデルをターゲットにできるのが旧型Cクラスだ。

デビューした当初は4気筒エンジンの搭載車がC180とC200コンプレッサーで、V型6

気筒エンジンの搭載車はC240が設定されていた。C180も名前は180だが、搭載エンジンは2000ccだった。当時はC200コンプレッサーとC240がよく売れていたグレードだ。低価格のCクラスを買うならこのデビュー当初のモデルを狙うことになる。

翌2001年7月にはC320が追加され、C240とC320にはAMG仕様の外観やサスペンションを装備したスポーツラインも設定された。またC320にDVDナビが標準装備されたのがこのときで、C240やC200コンプレッサーでも純正のDVDナビがオプション装着できるようになった。6年前のカーナビで、しかも当時のメルセデス・ベンツのナビが液晶画面が小さかったから、ナビ付きであることが大きなメリットにはならないが、純正ナビにはそれなりの値打ちがある。

2000年ベンツC200コンプレッサー。

2002年6月にはC180とC200コンプレッサーに、DVDナビなどを装備した特別仕様車のリミテッドが設定されている。全国で1000台が販売された特別仕様車だが、新車から5年落ちとなった今は中古車市場でときどき見かけることがある。これもひとつの狙い目に挙げられる。

2002年10月には直列4気筒エンジンが従来の2.0リッターから1.8リッターに変更されて全車にスーパーチャージャー(コンプレッサー)が装着され、出力の違いによってC180コンプレッサー、C200コンプレッサーというラインナップになった。2003年5月と10月、2004年1月には、バイキセノンヘッドライトやレザー内装などを備えた特別仕様車のリミテッドを4気筒エンジン搭載車に設定している。

2004年6月には内外装に手を加え、サスペンションのチューニングも変更した上で新たにC230コンプレッサーなどを追加する大幅な改良を行った。モデル前半の旧型Cクラスも良いクルマだったが、それをさらに熟成させたのがこのときの改良。2007年がちょうど車検サイクルに当たることを考えると、この年式の流通量も増えているはずで、後期モデルの狙い目になる。

2005年8月には新型のV型6気筒エンジンを搭載するなど、大幅なバリエーションの変更を伴う変更が行われている。新しいV型6気筒はC230やC280に搭載されているが、これ以降のモデルになるとまだ中古車市場にはほとんど流通していない。今後に期待

することになる。

●Cクラスステーションワゴンの狙い目モデル

　Cクラスの場合、セダンはフルモデルチェンジを受けたが、2007年の段階でステーションワゴンはまだ現行モデルである。そもそも旧型モデルにおいてもセダンがデビューした後、遅れてステーションワゴンがデビューし、その後のモデルサイクルも微妙に異なるところがある。後期モデルは基本的に共通だが、前期モデルの狙い目をセダンと分けて紹介しておこう。

　Cクラスでは、セダンとワゴンの販売比率はざっと2対1くらいだったと思われる。やはりフォーマルなセダンのほうが中心で、ステーションワゴンを選ぶ人はそれほど多くない。ただ、そのためにステーションワゴンの中古車は流通量が少なめで、その分だけ中古車の値落ちが小さめになるのが普通。

　新車当時には、セダンに対して約20万円がボディ代として上乗せされた価格になっていたが、中古車になっても、この価格差がほとんど縮まらなかったり、年式によっては拡大したりする例もあるほど。でも、使い勝手に優れるメルセデス・ベンツCクラスのステーションワゴンは、荷物を積んで走る機会の多いユーザーには絶好のモデルといえる。

　ステーションワゴンは、2007年末現在で新車がモデル末期で売れ行きが落ち込んでいる時期。当然ながら中古車の発生量はふだんにも増して少なくなっている。この段階では積極的に中古車を選びにくいので、ステーションワゴンのフルモデルチェンジを待つのが正解。それに備えて相場などをチェックしておくと良い。

　Cクラスのステーションワゴンは、セダンから1年近く遅れて2001年6月にデビューした。直列4気筒エンジンがC180とC200コンプレッサーの2グレードで、V型6気筒エンジンの搭載車はC240とC320のそれぞれにスポーツラインも用意される4グレード。合計6グレードの構成だった。スポーツラインはセダンよりわずかに先に設定されたことになる。

　2002年8月には直列4気筒エンジンが2.0リッターから1.8リッターに変更され、出力の違いによってC180コ

10年落ちのCクラスワゴン。1997年。

ンプレッサーとC200コンプレッサーになった。同時にC240に4WD車の4MATICが追加されている。これもセダンより少し早い変更だった。

初期モデルのCクラスステーションワゴンを買うなら、この年式が狙い目。排気量は小さくなったが、デキの良い新世代エンジンが搭載されているので、1.8リッターエンジンのほうがレスポンスやパワーフィールに優れている。タイミング良く出回ってきた1.8リッター車を見つけたら、買いと思っていい。V型6気筒エンジンの搭載車については基本メカニズムの部分では変更されていないので、2001年式でも2002年式でも大きな違いはない。

特別仕様車の設定などはセダンと共通で、2004年6月に行われた大幅な改良からは、セダンと全く同じタイミングで変更が行われるようになった。1.8リッターながらよりパワフルな仕様のエンジンを搭載したC230コンプレッサーアバンギャルドやAMG仕様がC32からC55になったのがこのときだ。もちろん、シャシー系の改良もセダンと同じように加えられており、相当に良くなっている。この2004年後期が大きな狙い目だ。

2005年8月にV型6気筒エンジンを変更するなどの改良が行われたのはセダンと同じ。この年式のモデルになると、中古車はまだほとんど流通していない。

第5章 維持費と長持ちさせるメンテナンスのコツ

●メンテナンスに対する考え方

　メルセデス・ベンツに代表される外国車と国産車では、メンテナンスに対する考え方に違いがあるように思う。

　外国車は、クルマのメンテナンスに関してユーザーが責任を持つのは当然という前提になっている。きちんとメンテナンスすることによって、調子良く走れるクルマであり続けることになる。これに対して国産車は、ユーザーが少々手抜きをしたところで、簡単なことでは不調に陥らないようなクルマづくりをしている。

　これは日本のメーカーが、メンテナンスをしっかりやらないクセに不調に陥ると文句を言うユーザーに対応してきた結果ともいえる。もちろん、国産車だって定期的なメンテナンスが必要なのは確かだが、日本の自動車メーカーが安くて壊れないクルマづくりを徹底してきたこともあって、ユーザーの甘えを許しているところがある。そうしたクルマづくりの結果、日本車は安くて故障が少ないクルマとして、世界中でとてもよく売れてきたわけだ。

　ところが、メルセデス・ベンツを始めとする外国車は、購入した後の定期的なメンテナンスが不可欠なのである。メンテナンスの手を抜いたり、安易に費用をケチったり省略したりすると、後になって確実にしっぺ返しがくると思ったほうが良い。しっ

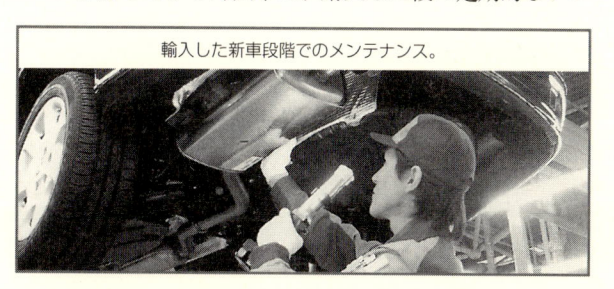

輸入した新車段階でのメンテナンス。

ヤナセの広大な整備工場(メルセデス・ベンツサービス)には新旧取り混ぜ多くのベンツが整備を待っている。

かりメンテナンスをすることで、トータルの維持費が安く上がるのがヨーロッパ車の特徴で、メルセデス・ベンツはその典型なのだ。

「国産車だって壊れるときは壊れるし、メルセデス・ベンツも壊れることも壊れないこともある」なんて言い方をするのは、中古車販売店などがメルセデス・ベンツを勧めるときにしばしば聞かれる台詞だ。この言い方が間違っているとはいえないが、きちんとメンテナンスをするかどうかで、不具合の発生する確率が大きく変わることになる。先の台詞が、ロクな整備をしていない中古車を販売するときに、しばしば使われるものであることも知っておく必要があるだろう。

●メルセデス・ベンツの維持費は高いか安いか

メルセデス・ベンツなどの外国車を買うと、その維持費がとてつもなく高くつくと言われたりする一方で、逆にメルセデス・ベンツだって維持費は国産車と変わらないなんて言い方もあったりする。

これらは、両方とも間違っているというのが本当のところだ。メルセデス・ベンツの整備費用を中心にした維持費は、決して安くはないものの、国産車に比べてべらぼうに高いというレベルではない。

かといって、国産車並みの料金で整備が受けられるかといえばそうではない。国産車に比べたら整備料金は確実に高くつく。国産車と変わらないと思っていたら予想外の出費に驚くこともある。

基本的には、ひとつひとつの部品が輸入品であるため、国産品に比べると部品代そのものが高い。また、メカニックの技術料も、国産車ディーラーに比べたら高く設定されているのが普通だ。部品代と技術料(工賃)の両方で高くなっている。

ただ、最近はダイムラー日本の方針で、交換頻度の高い部品は十分なストックを置くと同時に、価格も引き下げている。輸入品である分だけ国産車用の部品に比べて高

第5章 維持費と長持ちさせるメンテナンスのコツ

ヤナセの整備工場の立体駐車場。整備待ちと整備終了のベンツが多数駐車する。右写真のスロープは整備工場に設けられたもので、各階とも左上の写真のようになっている。

いのは仕方ないが、価格差は年々縮まっている。

技術料にしても、最近は国産車ディーラーでもアワーレートを高めに設定しているので、それほど大きな違いではなく、せいぜい2〜3割高い程度である。

技術料そのものは大差がなくても、同じ整備をするのに、メルセデス・ベンツは余分に時間がかかるため、結果として技術料の総額が高くなることもある。パワーウインドーの修理ひとつをとっても、構造がシンプルな国産車では1時間もあれば直せるものが、複雑な構造をしているメルセデス・ベンツでは2時間以上かかったりする。

クルマの整備料金は自動車保険料にも影響し、それがクルマの売れ行きにもつながる傾向があるため、メルセデス・ベンツだって整備性を考えたクルマづくりをしている。でも、しっかりしたクルマをつくることが大前提とされているため、ひとつひとつの部品の取り付け方からして違っていたりする。結果としては、整備料金が高くなる傾向にあるのだ。

●メルセデス・ベンツを維持するために月にいくら必要か

メルセデス・ベンツに限らず、クルマは持っているだけで、けっこうなお金がかかる。まずは、そのことを理解しておきたい。

駐車場代がいくらであるかが大きな要素になるが、仮にこれを1万円としよう。自動車保険（任意保険）は加入の仕方によって大きく変わるが、車両保険まで含めた万全の保険に加入しようとすると月に1万円くらいは覚悟しないといけない。さらに、毎

年課税される自動車税を月割りにすると数千円など、クルマを持っているだけで3万～4万円が必要になる。

さらに、クルマは使えば使うほどガソリン代や高速代がかかるし、距離を走ればオイル代がかかり、長期的にはタイヤをはじめとする各種消耗品の費用がかかる。このように考えると、クルマにかかるお金は月に数万円から10万円くらいになる。

このほかに整備費用がかかるが、メルセデス・ベンツを買った場合には何をどう買うかによってかかる金額が変わる。

ヤナセ本社整備工場(メルセデス・ベンツサービス)の受付。まずここで申し込む。通常の整備の他、クィックサービスという待ったままのメンテナンスを受けられるサービスもある。

新車を買ったユーザーは、メルセデス・ケアによって基本的なメンテナンスの費用がカバーされるので、最初の車検の前までは、基本的には何の費用も発生しない。よほど距離を走るユーザーがタイヤの交換費用を必要とするくらいだ。

だから、初めてメルセデス・ベンツを買うようなビギナーユーザーは、できるなら新車を買ったほうが良い。ビギナーユーザーほど予算の余裕が少ないから現実には難しいのだが、整備費用を計算しやすいというか、ほとんどメンテナンスにかかる費用のことを考えなくて良いのは新車だ。

新車を買ったとしても、最初の車検を受けるときからは整備費用がかかるようになるが、これは車種によって金額が変わる部分。次の項でメルセデス・ベンツの主要モデルの車検整備費用を紹介しているのでそれを見てほしいが、たとえばCクラスで距離を走るユーザーだと5年目の車検整備費用が17万円ほど、7年目の車検整備費用が25万円ほどだから、車検期間の2年間で考えると、1か月当たり1万5000円から2万円程度を見込んでおく必要がある。年式が古くなれば、交換が必要になる部品が増えて整備費用が高くなることも知っておきたい。

●中古車を買ったときの維持費はどうなる

　中古車を買ったユーザーも、見込むべき維持費の金額に関して基本的には同様だ。ヤナセなどで保証付きの中古車を買えば、その期間内であれば消耗品以外の負担は発生しない。販売前に入念な整備が行われているから不具合が発生する確率は非常に低いし、仮に不具合が発生しても保証でカバーされるから、保証期間中には余分な費用が発生しない。

　購入時に車検を取得した場合、車検までの期間は2年間あるが、そのあいだは距離を走るユーザーが1万kmごとに最大2万円程度のオイル交換費用が発生する程度。ただ購入してから2年後にかかる車検整備費用を考えると、月に1万5000円から2万円の貯金をしておく必要がある。

　中古車を買うときに車検期間が短いクルマを選ぶと、大きな出費となる車検の時期がすぐにやってきてしまう。そのために20万円前後の車検整備費用を確保しなければならないから、購入時に20万円安いクルマを選んで資金を確保しておくような感じになる。

ヤナセ・メルセデス・ベンツサービスでの整備風景。

　中古車は相場商品なので、車検残の期間も価格に反映されているが、それでも車検の短い中古車は買うと損をする印象になる。買うときに車検を取る保証付きの中古車なら、2年間はまず大きな出費が発生しないから、安心して乗っていられる。

　販売価格ばかりを重視して保証のつかない中古車を買った場合には、いくら用意したら良いか、計算もできなくなる。信用の置けない販売店を選ぶと、保証付きといってもきちんと面倒を見てくれないこともあるので、同じ結果になってしまう。

　保証を付けずに販売されているような中古車に限って、きちんと

したメンテナンスを受けていないものが多いから、買った後で不具合が発生する確率が高くなり、前のユーザーが手抜きした分まで自分で負担しなければならなくなる恐れがある。

　そんな中古車でも、運が良ければ何の不具合も発生せずにすむが、エンジンやトランスミッションで大きな不具合が発生すると、その修理に20万～30万円の費用が発生する可能性もある。保証の付かない中古車は、その分の費用の心構えをして買わなければならないが、そんなことをするくらいだったら、30万円高い保証付きの中古車を、信用のおける販売店で買うほうがずっと良い。

　そもそも保証の付かない中古車は、プロの販売店が見て保証を付けて販売するにはリスクが高すぎると判断したクルマといえる。そんな中古車をしろうとのユーザーが買って良いはずはない。運良く不具合が発生しない場合でも、車検時には前のユーザーが手抜きした分をカバーする必要が出るため、車検整備費用も高くつくことになるだろう。

ヤナセクィックサービスのメンテナンス風景。

●A／C／E／S／Mクラスの車検整備費用

　次頁からの表は、メルセデス・ベンツの主要モデルであるA／C／E／S／Mの各クラスの車検整備料金をヤナセ東京支店で算出してもらったものだ。月に1000km程度しか走らないクルマと、月に3000km程度の多走行のクルマを想定して算出してもらったので、いろいろな意味で目安になると思う。

　まず最初に新車を買ったユーザーの3年目の最初の車検は、メルセデスケアによってほとんどの部品代がカバーされるため、どのクラスのどんな走行距離のクルマでも4万円台で収まることが分かる。メルセデスケアについては次の項で詳しく紹介しよう。

　なお、この表で紹介しているのはあくまでも整備費用で、車検時に必要になる

ヤナセのメルセデス・ベンツサービスの車検整備設備。

自動車重量税や自賠責保険料などの法定費用は別にかかることを頭に入れておく必要がある。

■Aクラスの車検整備費用

　A160で月に1000kmペースで走ったクルマの場合、2回目の車検整備費用が11万円を超えるのに、3回目の車検整備費用が6万円ほどで上がるのは、走行距離との関係でブ

ベンツA160月間走行距離1000kmの場合の車検整備費用

	2004年式1回目車検			2002年式2回目車検			2000年式3回目車検		
	合計	工賃	部品	合計	工賃	部品	合計	工賃	部品
エンジンオイル&フィルター交換	0	基本料金に含む*	ケア*	10,017	1,260	8,757	10,017	1,260	8,757
エアクリーナーエレメント交換	0	—	—	0	—	—	0	—	—
ブレーキ液交換	0	—	—	0	—	—	0	—	—
フロントブレーキパッド交換	0	ケア*	ケア*	18,605	4,620	13,985	0	—	—
リアブレーキシュー交換	0	ケア*	ケア*	34,692	19,635	15,057	0	—	—
フロントディスクローター交換	0	—	—	0	—	—	0	—	—
リアドラム交換	0	—	—	0	—	—	0	—	—
フロントワイパーブレード交換	0	基本料金に含む*	ケア*	6,614	0	6,614	6,614	0	6,614
リアワイパーブレード交換	0	基本料金に含む*	ケア*	1,302	0	1,302	1,302	0	1,302
ベルト交換	0	—	—	0	—	—	0	—	—
エアコンフィルター交換	0	基本料金に含む*	ケア*	16,369	6,930	9,439	16,369	6,930	9,439
エアコンチャコールフィルター交換	0	—	—	0	—	—	0	—	—
タイヤローテーション	0	—	—	0	—	—	0	—	—
冷却水(クーラント)交換	0	—	—	0	—	—	0	—	—
バッテリー交換	0	—	—	0	—	—	0	—	—
フューエルフィルター交換	0	—	—	0	—	—	0	—	—
点火プラグ交換	0	—	—	0	—	—	0	—	—
合計	42,000	42,000	0	114,899	59,745	55,154	61,602	35,490	26,112
2年点検基本料金	42,000	42,000	0	27,300	27,300	0	27,300	27,300	0

ベンツA160月間走行距離3000kmの場合の車検整備費用

	2004年式1回目車検			2002年式2回目車検			2000年式3回目車検		
	合計	工賃	部品	合計	工賃	部品	合計	工賃	部品
エンジンオイル&フィルター交換	0	基本料金に含む*	ケア*	10,017	1,260	8,757	10,017	1,260	8,757
エアクリーナーエレメント交換	0	ケア*	ケア*	0	—	—	4,620	1,155	3,465
ブレーキ液交換	0	—	—	0	—	—	0	—	—
フロントブレーキパッド交換	0	ケア*	ケア*	18,605	4,620	13,985	18,605	4,620	13,985
リアブレーキシュー交換	0	ケア*	ケア*	34,692	19,635	15,057	34,692	19,635	15,057
フロントディスクローター交換	0	—	—	31,582	11,550	20,032	31,582	11,550	20,032
リアドラム交換	0	—	—	0	—	—	0	—	—
フロントワイパーブレード交換	0	基本料金に含む*	ケア*	6,614	0	6,614	6,614	0	6,614
リアワイパーブレード交換	0	基本料金に含む*	ケア*	1,302	0	1,302	1,302	0	1,302
ベルト交換	0	ケア*	ケア*	12,631	8,085	4,546	12,631	8,085	4,546
エアコンフィルター交換	0	基本料金に含む*	ケア*	16,369	6,930	9,439	16,369	6,930	9,439
エアコンチャコールフィルター交換	0	—	—	0	—	—	0	—	—
タイヤローテーション	0	—	—	0	—	—	0	—	—
冷却水(クーラント)交換	0	—	—	0	—	—	0	—	—
バッテリー交換	0	—	—	0	—	—	0	—	—
フューエルフィルター交換	0	—	—	0	—	—	20,673	5,775	14,898
点火プラグ交換	0	ケア*	ケア*	18,394	6,930	11,464	18,394	6,930	11,464
合計	42,000	42,000	0	177,506	86,310	91,196	202,799	93,240	109,559
2年点検基本料金	42,000	42,000	0	27,300	27,300	0	27,300	27,300	0

＊交換時期に該当している場合のみ

レーキの交換サイクルにズレが生じるため。走行距離が増えると3回目の車検時にも2回目と同じような金額になる。

月に3000kmペースで走るクルマだと2回目の車検と3回目の車検整備費用に大きな違いはないが、ともに高くて18万円弱と20万円強という金額。ベルトやエアコンのフィルターなど、交換すべき部品が多くなるためだ。距離を走るユーザーなら、車検時に20万円くらいかかっても、たくさんの距離を走ったことで十分に元を取った気分になれるはずだ。

■Cクラスの車検整備費用

C200コンプレッサーで月に1000km平均で走ったクルマの2回目の車検整備費用は9万円ほどになる。これだと、国産車の車検整備費用よりもちょっと高いかなというくらいの印象だ。

国産車でも数万円はかかるのが普通だから、2万~3万円程度余分にかかる感覚です。3回目の車検では、ディスクローターの交換が入ることなどによって15万円弱になる。国産車ではディスクローターの交換はかなり長期のサイクルになるが、止まることを最優先する欧州車ではブレーキのローターの減りも早く、交換時期が比較的早めにくる。これは安全のためには仕方ないことだ。

月に3000km程度と距離を走るクルマの車検整備費用は、けっこう高くなる。2回目で18万円弱、3回目では26万円弱となるからだ。3回目の車検では走行距離が25万kmに達している計算で、ブレーキ系の交換部品やフューエルフィルター、点火プラグなど、いろいろな交換部品が出てくる。

ベンツC200月間走行距離1000kmの場合の車検整備費用

	2004年式1回目車検			2002年式2回目車検			2000年式3回目車検		
	合計	工賃	部品	合計	工賃	部品	合計	工賃	部品
エンジンオイル&フィルター交換	0	基本料金に含む*	ケア*	15,592	1,890	13,702	15,592	1,890	13,702
エアクリーナーエレメント交換	0	—	—	0	—	—	0	—	—
ブレーキ液交換	0	—	—	0	—	—	0	—	—
フロントブレーキパッド交換	0	—	—	22,899	5,775	17,124	22,899	5,775	17,124
リアブレーキパッド交換	0	ケア*	ケア*	13,712	3,465	10,247	0	—	—
フロントディスクローター交換	0	ケア*	ケア*	0	—	—	35,340	13,860	21,480
リアディスクローター交換	0	—	—	0	—	—	0	—	—
フロントワイパーブレード交換	0	基本料金に含む*	ケア*	8,000	0	8,000	8,000	0	8,000
リアワイパーブレード交換	0	—	—	0	—	—	0	—	—
ベルト交換	0	—	—	0	—	—	14,511	9,240	5,271
エアコンフィルター交換	0	基本料金に含む*	ケア*	3,412	1,155	2,257	3,412	1,155	2,257
エアコンチャコールフィルター交換	0	—	—	0	—	—	0	—	—
タイヤローテーション	0	—	—	0	—	—	0	—	—
冷却水(クーラント)交換	0	—	—	0	—	—	0	—	—
バッテリー交換	0	—	—	0	—	—	0	—	—
フューエルフィルター交換	0	—	—	0	—	—	0	—	—
点火プラグ交換	0	—	—	0	—	—	22,258	9,702	12,556
合計	45,150	45,150	0	90,915	39,585	51,330	149,312	68,922	80,390
2年点検基本料金	45,150	45,150	0	27,300	27,300	0	27,300	27,300	0

第5章 維持費と長持ちさせるメンテナンスのコツ

ベンツC200月間走行距離3000kmの場合の車検整備費用

	2004年式1回目車検			2002年式2回目車検			2000年式3回目車検		
	合計	工賃	部品	合計	工賃	部品	合計	工賃	部品
エンジンオイル&フィルター交換	0	基本料金に含む*	ケア*	15,592	1,890	13,702	15,592	1,890	13,702
エアクリーナーエレメント交換	0	ケア*	ケア*	0	—	—	8,253	3,465	4,788
ブレーキ液交換	0	—	—	0	—	—	0	—	—
フロントブレーキパッド交換	0	ケア*	ケア*	22,899	5,775	17,124	22,899	5,775	17,124
リアブレーキパッド交換	0	ケア*	ケア*	13,712	3,465	10,247	13,712	3,465	10,247
フロントディスクローター交換	0	ケア*	ケア*	35,340	13,860	21,480	35,340	13,860	21,480
リアディスクローター交換	0	ケア*	ケア*	0	—	—	31,015	15,015	16,000
フロントワイパーブレード交換	0	基本料金に含む*	ケア*	8,000	0	8,000	8,000	0	8,000
リアワイパーブレード交換	0	—	—	0	—	—	0	—	—
ベルト交換	0	—	—	14,511	9,240	5,271	14,511	9,240	5,271
エアコンフィルター交換	0	基本料金に含む*	ケア*	3,412	1,155	2,257	3,412	1,155	2,257
エアコンチャコールフィルター交換	0	基本料金に含む*	ケア*	0	—	—	23,940	3,465	20,475
タイヤローテーション	0	—	—	0	—	—	0	—	—
冷却水(クーラント)交換	0	—	—	0	—	—	0	—	—
バッテリー交換	0	—	—	0	—	—	0	—	—
フューエルフィルター交換	0	—	—	0	—	—	31,425	9,702	21,723
点火プラグ交換	0	ケア*	ケア*	34,501	21,945	12,556	22,258	9,702	12,556
合計	45,150	45,150	0	175,267	84,630	90,637	257,657	104,034	153,623
2年点検基本料金	45,150	45,150	0	27,300	27,300	0	27,300	27,300	0

＊交換時期に該当している場合のみ

■Eクラスの車検整備費用

　E320で走行距離の少ないクルマでは、C200コンプレッサーよりも安く上がるくらいだ。2回目の車検時はともかく、3回目の車検ではディスクローターやベルトの交換タイミングが異なるため、Cクラスに比べてずっと安くなり、2回目の車検とほとんど変わらないくらいの10万円ほどですむと思われる。Eクラスが意外に維持コストの安い

ベンツE320月間走行距離1000kmの場合の車検整備費用

	2004年式1回目車検			2002年式2回目車検			2000年式3回目車検		
	合計	工賃	部品	合計	工賃	部品	合計	工賃	部品
エンジンオイル&フィルター交換	0	基本料金に含む*	ケア*	16,684	1,323	15,361	16,684	1,323	15,361
エアクリーナーエレメント交換	0	—	—	0	—	—	0	—	—
ブレーキ液交換	0	—	—	0	—	—	0	—	—
フロントブレーキパッド交換	0	—	—	27,945	8,489	19,456	20,247	6,063	14,184
リアブレーキパッド交換	0	—	—	0	—	—	12,384	3,638	8,746
フロントディスクローター交換	0	—	—	0	—	—	0	—	—
リアディスクローター交換	0	—	—	0	—	—	0	—	—
フロントワイパーブレード交換	0	基本料金に含む*	ケア*	10,752	0	10,752	3,150	0	3,150
リアワイパーブレード交換	0	—	—	0	—	—	0	—	—
ベルト交換	0	—	—	0	—	—	0	—	—
エアコンフィルター交換	0	—	—	0	—	—	10,321	4,620	5,701
エアコンチャコールフィルター交換	0	—	—	0	—	—	0	—	—
タイヤローテーション	0	—	—	0	—	—	0	—	—
冷却水(クーラント)交換	0	—	—	0	—	—	0	—	—
バッテリー交換	0	—	—	0	—	—	0	—	—
フューエルフィルター交換	0	—	—	0	—	—	0	—	—
点火プラグ交換	0	—	—	0	—	—	0	—	—
合計	47,407	47,407	0	89,558	43,989	45,569	105,783	58,641	47,142
2年点検基本料金	47,407	47,407	0	34,177	34,177	0	42,997	42,997	0

ベンツE320月間走行距離3000kmの場合の車検整備費用

	2004年式1回目車検			2002年式2回目車検			2000年式3回目車検		
	合計	工賃	部品	合計	工賃	部品	合計	工賃	部品
エンジンオイル&フィルター交換	0	基本料金に含む*	ケア*	16,684	1,323	15,361	16,684	1,323	15,361
エアクリーナーエレメント交換	0	—	—	0	—	—	7,648	1,212	6,436
ブレーキ液交換	0	—	—	0	—	—	0	—	—
フロントブレーキパッド交換	0	ケア*	ケア*	27,945	8,489	19,456	20,247	6,063	14,184
リアブレーキパッド交換	0	ケア*	ケア*	24,584	10,914	13,670	12,384	3,638	8,746
フロントディスクローター交換	0	ケア*	ケア*	44,959	14,553	30,406	38,617	14,553	24,064
リアディスクローター交換	0	ケア*	ケア*	0	—	—	31,933	15,765	16,168
フロントワイパーブレード交換	0	基本料金に含む*	ケア*	10,752	0	10,752	3,150	0	3,150
リアワイパーブレード交換	0	—	—	0	—	—	0	—	—
ベルト交換	0	基本料金に含む*	ケア*	0	—	—	13,970	3,638	10,332
エアコンフィルター交換	0	—	—	4,068	1,212	2,856	10,321	4,620	5,701
エアコンチャコールフィルター交換	0	—	—	29,573	3,638	25,935	24,953	3,638	21,315
タイヤローテーション	0	—	—	0	—	—	0	—	—
冷却水(クーラント)交換	0	—	—	0	—	—	0	—	—
バッテリー交換	0	—	—	0	—	—	0	—	—
フューエルフィルター交換	0	—	—	0	—	—	33,850	12,127	21,723
点火プラグ交換	0	基本料金に含む*	ケア*	0	—	—	57,434	23,042	34,392
合計	47,407	47,407	0	192,742	74,306	118,436	314,188	132,616	181,572
2年点検基本料金	47,407	47,407	0	34,177	34,177	0	42,997	42,997	0

＊交換時期に該当している場合のみ

クルマであることが分かる。

月に3000km程度と距離を走るユーザーでも、Cクラスとの維持費の差はそれほど大きくならない。2回目の車検は20万円弱でCクラスとの差は2万円以下だし、25万km以上走った後の3回目の車検も5万円以下の差でしかない。3回目の車検整備費用は30万円を超えるので、これくらいかかるようになると代替を考えるユーザーも多いようだ。

■MLクラスの車検整備費用

ML320の車検整備費用は、同じエンジンを搭載するE320などに比べるとかなり高めの印象だ。月に1000kmくらいしか走らないクルマでも、2回目の車検時には15万円以上かかるし、3回目の車検では20万円以上になる。E320に比べるとざっと2倍くらいかかるイメージだ。これは車両重量が重いことから、ブレーキパッドやローターなどの交換が発生することによる。大きくて重いクルマは整備費用の面でも不利になることを覚悟してほしい。

月に3000km程度と距離を走ったクルマだと、2回目の車検で30万円以上、3回目の車検では45万円弱とますます高くなる。距離を走るタイプの

ヤナセ車検整備場内部。

第5章 維持費と長持ちさせるメンテナンスのコツ

ベンツML320/350月間走行距離1000kmの場合の車検整備費用

	2004年式1回目車検			2002年式2回目車検			2000年式3回目車検		
	合計	工賃	部品	合計	工賃	部品	合計	工賃	部品
エンジンオイル&フィルター交換	0	基本料金に含む*	ケア*	16,684	1,323	15,361	16,684	1,323	15,361
エアクリーナーエレメント交換	0	—	—	—	—	—	0	—	—
ブレーキ液交換	0	—	—	4,851	4,851	—	0	—	—
フロントブレーキパッド交換	0	ケア*	ケア*	39,520	7,276	32,244	39,520	7,276	32,244
リアブレーキパッド交換	0	ケア*	ケア*	40,570	7,276	33,294	40,570	7,276	33,294
フロントディスクローター交換	0	ケア*	ケア*	0	—	—	66,094	16,978	49,116
リアディスクローター交換	0	ケア*	ケア*	0	—	—	0	—	—
フロントワイパーブレード交換	0	基本料金に含む*	ケア*	8,462	0	8,462	8,462	0	8,462
リアワイパーブレード交換	0	基本料金に含む*	ケア*	2,110	0	2,110	2,110	0	2,110
ベルト交換	0	—	—	0	—	—	0	—	—
エアコンフィルター交換	0	基本料金に含む*	ケア*	10,231	1,212	9,019	10,231	1,212	9,019
エアコンチャコールフィルター交換	0	—	—	0	—	—	0	—	—
タイヤローテーション	0	—	—	0	—	—	0	—	—
冷却水(クーラント)交換	0	ケア*	ケア*	0	—	—	0	—	—
バッテリー交換	0	—	—	0	—	—	0	—	—
フューエルフィルター交換	0	—	—	0	—	—	0	—	—
点火プラグ交換	0	—	—	0	—	—	0	—	—
合計	44,100	44,100	0	156,605	56,115	100,490	217,848	68,242	149,606
2年点検基本料金	44,100	44,100	0	34,177	34,177	0	34,177	34,177	0

ベンツML320/350月間走行距離3000kmの場合の車検整備費用

	2004年式1回目車検			2002年式2回目車検			2000年式3回目車検		
	合計	工賃	部品	合計	工賃	部品	合計	工賃	部品
エンジンオイル&フィルター交換	0	基本料金に含む*	ケア*	16,684	1,323	15,361	16,684	1,323	15,361
エアクリーナーエレメント交換	0	ケア*	ケア*	0	—	—	6,415	2,425	3,990
ブレーキ液交換	0	—	—	4,851	4,851	—	0	—	—
フロントブレーキパッド交換	0	ケア*	ケア*	39,520	7,276	32,244	39,520	7,276	32,244
リアブレーキパッド交換	0	ケア*	ケア*	40,570	7,276	33,294	40,570	7,276	33,294
フロントディスクローター交換	0	ケア*	ケア*	66,094	16,978	49,116	66,094	16,978	49,116
リアディスクローター交換	0	ケア*	ケア*	0	—	—	60,820	23,042	37,778
フロントワイパーブレード交換	0	基本料金に含む*	ケア*	8,462	0	8,462	8,462	0	8,462
リアワイパーブレード交換	0	基本料金に含む*	ケア*	2,110	0	2,110	2,110	0	2,110
ベルト交換	0	ケア*	ケア*	18,417	8,085	10,332	0	—	—
エアコンフィルター交換	0	基本料金に含む*	ケア*	10,231	1,212	9,019	10,231	1,212	9,019
エアコンチャコールフィルター交換	0	基本料金に含む*	ケア*	0	—	—	0	—	—
タイヤローテーション	0	—	—	0	—	—	0	—	—
冷却水(クーラント)交換	0	ケア*	ケア*	0	—	—	0	—	—
バッテリー交換	0	—	—	0	—	—	0	—	—
フューエルフィルター交換	0	—	—	0	—	—	100,394	10,914	89,480
点火プラグ交換	0	ケア*	ケア*	61,072	26,680	34,392	61,072	26,680	34,392
合計	44,100	44,100	0	302,188	107,858	194,330	446,549	131,303	315,246
2年点検基本料金	44,100	44,100	0	34,177	34,177	0	34,177	34,177	0

＊交換時期に該当している場合のみ

ドライバーには、あまり向かないのがMLクラスということもできる。

■Sクラスの車検整備費用

　MLクラスの車検整備費用がかなり高くつくのに比べると、Sクラスの車検整備費用はあまり高くない印象になる。月に1000km程度しか走らないクルマなら、2回目の車検整備費用は18万円弱でMLクラスに比べて2万円ほどの違い。3回目の車検では逆に1

ベンツS500月間走行距離1000kmの場合の車検整備費用

	2004年式1回目車検			2002年式2回目車検			2000年式3回目車検		
	合計	工賃	部品	合計	工賃	部品	合計	工賃	部品
エンジンオイル&フィルター交換	0	基本料金に含む*	ケア*	16,747	1,386	15,361	18,133	2,772	15,361
エアクリーナーエレメント交換	0	—	—	0	—	—	0	—	—
ブレーキ液交換	0	—	—	0	—	—	0	—	—
フロントブレーキパッド交換	0	ケア*	ケア*	24,989	6,352	18,637	24,989	6,352	18,637
リアブレーキパッド交換	0	—	—	20,327	5,082	15,245	20,327	5,082	15,245
フロントディスクローター交換	0	ケア*	ケア*	0	—	—	60,142	15,246	44,896
リアディスクローター交換	0	—	—	48,697	17,787	30,910	0	—	—
フロントワイパーブレード交換	0	基本料金に含む*	ケア*	20,496	0	20,496	18,270	0	18,270
リアワイパーブレード交換	0	—	—	0	—	—	0	—	—
ベルト交換	0	—	—	0	—	—	15,414	5,082	10,332
エアコンフィルター交換	0	基本料金に含む*	ケア*	9,512	3,811	5,701	9,512	3,811	5,701
エアコンチャコールフィルター交換	0	—	—	0	—	—	0	—	—
タイヤローテーション	0	—	—	0	—	—	0	—	—
冷却水(クーラント)交換	0	—	—	0	—	—	0	—	—
バッテリー交換	0	—	—	0	—	—	0	—	—
フューエルフィルター交換	0	—	—	0	—	—	0	—	—
点火プラグ交換	0	—	—	0	—	—	0	—	—
合計	49,665	49,665	0	177,728	71,378	106,350	203,747	75,305	128,442
2年点検基本料金	49,665	49,665	0	36,960	36,960	0	36,960	36,960	0

ベンツS500月間走行距離3000kmの場合の車検整備費用

	2004年式1回目車検			2002年式2回目車検			2000年式3回目車検		
	合計	工賃	部品	合計	工賃	部品	合計	工賃	部品
エンジンオイル&フィルター交換	0	基本料金に含む*	ケア*	16,747	1,386	15,361	18,133	2,772	15,361
エアクリーナーエレメント交換	0	—	—	0	—	—	10,815	0	10,815
ブレーキ液交換	0	—	—	0	—	—	0	—	—
フロントブレーキパッド交換	0	ケア*	ケア*	24,989	6,352	18,637	24,989	6,352	18,637
リアブレーキパッド交換	0	—	—	20,327	5,082	15,245	20,327	5,082	15,245
フロントディスクローター交換	0	ケア*	ケア*	60,142	15,246	44,896	60,142	15,246	44,896
リアディスクローター交換	0	ケア*	ケア*	48,697	17,787	30,910	0	—	—
フロントワイパーブレード交換	0	基本料金に含む*	ケア*	20,496	0	20,496	18,270	0	18,270
リアワイパーブレード交換	0	—	—	0	—	—	0	—	—
ベルト交換	0	—	—	15,414	5,082	10,332	15,414	5,082	10,332
エアコンフィルター交換	0	基本料金に含む*	ケア*	9,512	3,811	5,701	9,512	3,811	5,701
エアコンチャコールフィルター交換	0	基本料金に含む*	ケア*	0	—	—	30,208	8,893	21,315
タイヤローテーション	0	—	—	0	—	—	0	—	—
冷却水(クーラント)交換	0	—	—	0	—	—	0	—	—
バッテリー交換	0	—	—	0	—	—	0	—	—
フューエルフィルター交換	0	—	—	0	—	—	29,346	7,623	21,723
点火プラグ交換	0	ケア*	ケア*	75,077	29,221	45,856	75,077	29,221	45,856
合計	49,665	49,665	0	328,361	120,927	207,434	349,193	121,042	228,151
2年点検基本料金	49,665	49,665	0	36,960	36,960	0	36,960	36,960	0

＊交換時期に該当している場合のみ

万円以上安くなる。これはブレーキ系の部品交換の発生のタイミングの違いによるところが大きい。

　同様に月に3000km程度と距離を走ったクルマでも、2回目の車検整備費用はやや高くなるが、3回目の車検整備費用は格段に安く上がる。ブレーキ系の部品代が安いことやローターを交換する必要性があるかどうかが費用の差につながっている。

第5章 維持費と長持ちさせるメンテナンスのコツ

　MLクラスに比べると割安感のあるSクラスの車検整備費用も、Eクラスに比べるとやはり高めの設定になる。これは部品代そのものがEクラスより高いものが多いことが理由。距離を走らないユーザーではSクラスはEクラスの倍くらいの整備費用がかかる。距離を走るユーザーでは部品の交換時期によって変わる部分もあるが、基本的にEクラスの5割増しくらいになると思っていい。

●サービスプログラム「メルセデス・ケア」とは

　外国車のインポーター各社では、ユーザーの維持費に対する不安を解消して新車の販売を伸ばすため、新車から3年間の維持費負担を軽減する政策を展開している。メルセデス・ケアもそのひとつで、期間や走行距離によって交換が必要になる部品代と工賃を無料にするサービスだ。

　車検前までの整備費用をカバーするシステムなので、3年目の最初の車検時から車検整備費用はかかるのだが、それまでに必要な部品の交換などを行っているため、最初の車検ではほとんど工賃しかかからないことになる。

　これがどれくらいの費用の節減になるかというと、Aクラスで3年間に3万km走るクルマを想定すると、ざっと12万〜13万円になるという。その内訳は以下の通りだ。

MB1年点検(法定1年点検を含む・2回分)／	46,000円
オイル交換(3回分)／	22,000円
オイルフィルター交換(3回分)／	3,000円
ブレーキフルード交換(1回分)／	5,000円
ワイパーブレードラバー交換(3回分)／	5,000円
ダストフィルター交換(3回分)／	28,000円
フロントブレーキパッド／センサー交換(1回分)／	18,000円
合計／	127,000円

　メルセデス・ケアは走行距離無制限のサービスなので、3年で10万km走るようなヘビーユーザーでは、オイル交換の回数などは3倍になる計算で、距離を走るユーザーほど有利なシステムとなる。各種部品の交換時期はインジケーターランプの点灯によってユーザーに知らされるので、ランプが点灯したらすぐにディーラーに持ち込めば無料で整備してもらえる。

　メルセデス・ベンツ以外の外国車も多くが同様のシステムを採用している。ただ、ブランドによっては走行距離が無制限ではないところや、オイル交換の回数に制約を設けているところなどさまざまなので、サービスプログラムの内容は個々に確認する必要がある。メルセデス・ケアは中身の充実度で見た場合、外国車の中でも最高のレベルにあるといえる。

単純に新車価格だけを見ると、メルセデス・ベンツは確かに高いと思えるが、メルセデス・ケアやこれに関連する24時間ツーリングサポートなどと合わせて考えると、価格的に割高感もやや薄れる。距離を走るユーザーなら、上記の例の3倍くらい、ざっと30万円分くらい安い計算になるからだ。メルセデス・ケアの有無を考えると、中古車を買うより新車を買ったほうが有利になったりする。

●整備は正規ディーラー以外でも受けられるか

メルセデス・ベンツだからといって、一般の整備工場で整備ができないわけではない。ただ、整備工場の中には部品供給の関係などから、輸入車は一切扱わないという工場もあるし、どの工場に持ち込んでも良いというものではない。正規ディーラーやその指定する整備工場以外に持ち込むなら、メルセデス・ベンツを扱い慣れた整備工場に持ち込むことが肝心だ。

それも最初の3年間はメルセデス・ケアとの関係で、正規ディーラーかその指定整備工場に持ち込まないとダメ。それ以外の整備工場で整備を受けた場合には、最悪の場合はメルセデス・ケアが受けられなくなる可能性もあるからだ。

メルセデス・ケアには、最初の3年間の整備を正規ディーラーで受けさせることで、ユーザーを固定化しようというメルセデス・ベンツの側の戦略も含まれている。3年間の付き合いで満足したユーザーは、最初の車検やそれ以降の整備も、正規ディーラーで受けようという気持ちになるのが普通だからだ。

●サービスプログラムの保証が切れたら 街工場に点検修理に出したいが？

メルセデス・ケアが適用される最初の3年間は正規ディーラーまたは指定の整備工場に持ち込むのが基本だが、それが終わった後の最初の車検からは街の整備工場に持ち込むのはユーザーの自由である。

ヤナセなどの正規ディーラーの整備費用ははっきり言って高いし、街の整備工場ならヤナセに比べてざっと2～3割は安く上がる。場合によっては、もっと安く上がることもある。街の整備工場が正規ディーラーよりも高い整備費用を設定していたら、誰も街の整備工場にはクルマを持ち込まない。ヤナセの費用を見ながら、それより安く設定するのは当然のことである。

また、街の整備工場での整備費用が安く上がるのは、人件費のレートの違いとか、メルセデス・ベンツの純正部品ではなくメルセデス・ベンツに適合する汎用の部品を使ったりすることにもよる。国産車でもメーカー純正の部品と汎用の優良部品とは、

同じ部品メーカーでつくられていながらパッケージの箱の印刷が異なるだけで価格が変わっているが、それと同じことがメルセデス・ベンツなどの輸入車でもある。整備費用を安く上げたいというユーザーは、割り切って街の整備工場に持ち込めば良い。

逆にヤナセなどの正規ディーラーに持ち込むことで安心を得たいというユーザーは、メルセデス・ケアが切れた後もヤナセで整備を受ければ良い。ヤナセではたくさんのメルセデス・ベンツを扱っているから、整備に関するノウハウも大量に蓄積されている。メルセデス・ベンツを扱って何年というベテランのメカニックもたくさんいる。それが、いろいろな形で整備に反映されているから、安心して整備が受けられる面がある。

街の整備工場でもメルセデス・ベンツを専門に扱う工場はあり、そうした工場では正規ディーラーを退職したメカニックを受け入れるなどしてノウハウの蓄積に努めているが、絶対的な信頼性のレベルが同じにはならない。

それをどう見るか、割り切って街の工場に任せるか、少々高くても安心な正規ディーラーに任せるかは、個々のユーザーの考え方次第だ。

ヤナセ・メルセデス・ベンツサービス、ホイールバランスサービスのコーナー。

●故障知らずで安上がりにすませるメンテナンスのコツ

メルセデス・ベンツは、きちんとしたメンテナンスをすることで調子を維持できるクルマだ。新車はともかく、中古車を買うときには定期点検記録簿を見て過去の定期点検の履歴を確認できるクルマを選ぶのが基本。でも、定期点検記録簿には事故の修復や定期点検時以外のオイル交換、タイヤのローテーションなどは記録されていないから、記録簿だけでは判断できない部分もあるのだが、記録簿がないような中古車は論外(走行距離をごまかすために捨てられたケースが大半)だから、まずは記録簿を確認しよう。

その上で、オーナーがしっかりやっておきたいのは次の項目だ。

■オイル交換

メルセデス・ベンツのエンジンオイル交換時期は車種によって異なるし、以前は短

期の交換を勧めていたものが、最近は部品精度の向上などによって長期化する傾向にある。最新のモデルではオイルの劣化(酸化)を知らせるセンサーが付いていて、それが点灯したときに交換すれば良いのだが、そうでないクルマは1万kmまたは半年を目安に交換すると良いだろう。

Eクラスでは6リッターものオイルを使い、しかも推奨オイルは2000円以上の価格でけっこう高い。エレメントは2000円以下だから、これも一緒に交換すれば良いが、オイル代、エレメント代、工賃となると1万5000円から2万円くらいだ。少々高いと思われるかも知れないが、これは定期的にやっておこう。

■パワーステアリングフルード

パワステオイルとも言われるパワーステアリングのフルードは、ときどき量のチェックをしてやるとともに、不足していたら補充し、一定の距離を走ったら車検のときなどに交換を依頼すれば良い。メルセデス・ベンツにはパワステオイルのフィルターも使われていて、交換となるとオイル代、フィルター代、工賃でざっと1万円くらいなので、2万〜3万kmを目安に交換しておくとトラブルを未然に防げる。

かつてメルセデス・ベンツはパワーステアリングが故障しても、ドライバーの手で操作できるように大径のステアリングホイールを採用していたが、最近ではその径が小さくなっている。不具合の発生する可能性が低くなったためだろうが、万一のことを考えると不具合の可能性をさらに下げるために、きちんとパワステオイルを交換しておきたい。

■エアクリーナー

エアクリーナーエレメントは、ビギナーでも簡単に交換作業のできる部品。ふだんからエレメントをチェックしてホコリを落とすなどしておき、汚れがひどくなってきたら交換だ。3万km程度が交換の目安とされているので、車検などに合わせて交換を依頼しても良い。

自分でやるなら、3000円程度のエレメントを買ってきて古いエレメントを外して交換するだけ。V型6気筒エンジンではエレメントが左右2個必要になる。工場に依頼しても1万円もかからない。

■ATフルード

ATフルードの交換も定期的に必要なもの。ただ、最近のメルセデス・ベンツではATフルードを点検するレベルゲージも付いていない。ユーザーがヘタにいじってゴミを混入させることがあるため、簡単にはいじれないようにしているのだ。このため交換は整備工場に依頼することになるが、正しい扱い方に慣れた正規ディーラーに依頼するのが安心だ。

交換時期は3万kmから5万kmくらいごととされているので、前のユーザーがどのタ

イミングで交換しているかが分かると、自分のクルマの交換時期が判断できる。
　ATフルードは何もなければ、そのまま走っても20万kmくらいまで何ともないなんてケースもあるようだが、変速ショックが大きくなったり、スムーズでなくなったりするから、できるなら定期的に交換しておきたい。フルード代と工賃で2万円程度が目安だ。

●5万km走ったメルセデス・ベンツではどこに注意するか

　走行距離が5万kmを超えたあたりから、交換が必要となる部品が増えてくる。日本の、中でも東京の道路交通環境はメルセデス・ベンツにとってけっこう過酷なものとされているから、余計に交換の必要性が高まるのだ。何が過酷かといえば、日本の夏の首都高の渋滞などが過酷な条件の典型だ。
　高温多湿であることに加え、渋滞によってエンジンルーム内に熱がこもり、燃料系に不具合を生じたり、あるいはゴム系の部品の劣化が進んだりするからだ。
　このあたりを中心に5万kmを超えたメルセデス・ベンツのチェックポイントを紹介しよう。
　外国車(国産車でも)でよく指摘されるタイミングベルトの交換は、メルセデス・ベンツでは必要がない。いずれも、タイミングチェーンを使っているから耐久性がある。このあたりもメルセデス・ベンツのクルマづくりの姿勢が見られる部分である。ただ、タイミングチェーンも無制限に使えるわけではない。走行距離が20万kmを超えるくらいになったら交換したほうが良い。
　これ以外では、エンジンマウントのゴムは早ければ5万kmくらい、遅くとも10万kmくらいで交換してやると余分な振動がなくなって走りがしゃきっとした感じになる。同様にショックアブソーバーも早ければ5万kmくらいから交換したほうが良い状態になる。さらに、ステアリングのダンパーも早ければ5万kmくらいから交換を考える時期になる。
　マウントにしてもショックアブソーバーにしても、個々のユーザーの走り方や走る路面の状態など、クルマの使われ方によって交換時期はさまざまだ。5万kmというのは相当に酷使した場合と考えて良いが、自分のクルマが10万kmくらいまで走ったなら、同じ車種の新車や走行距離の少ないクルマなどと乗り比べるなどして、ヘタリ具合を確認すると良い。
　同じクルマに続けて乗っていると、少しずつ劣化が進むので、劣化していることに気付かなかったりすることが多い。でも、新車などと乗り比べると違いがはっきり感じられるものだ。
　このほか、ブレーキパッド、Vベルト、燃料フィルター、デフオイルなどもある

が、これらは車検などのタイミングでディーラーで交換してくれるので、正規ディーラーに整備を依頼しているならオーナーはあまり意識しないでも大丈夫だ。街の整備工場では、同じようにやってくれるところと、言わなければやってくれないところがある。ユーザーが意識を持って相談することが必要だ。

●高額な部品でも割安といわれるリビルトパーツとは？

　最近は、クルマを修理するときに中古パーツやリビルトパーツが使われることが多くなった。中古パーツはボディパーツなどを中心に、解体されるクルマから使える部品を外したもの。事故でドアやフェンダーなどを交換するときには、中古パーツを探してもらうのも良い。

　リビルトパーツは中古パーツとは違い、機能部品を再生したものだ。すでに使われた古い部品である点は共通だが、機能部品を分解して古くなって使えなくなった部分を交換し、生かせる部分を生かしたもの。ボッシュなどの部品メーカーが、リビルト部品であることが分かるパッケージに入れて流通させている。

　リビルト部品は、オルタネーターなどの比較的小さな部品から、ATのような大型部品まで、さまざまなものが流通している。これはいずれも新品ではないが、新品と同等の性能を発揮できることが保証されている。正規ディーラーでもリビルト部品の利用を勧めるくらいだから、安心して使って良い。

　価格は部品ごとにさまざまで、新品との価格差も一概にはいえないが、確実に言えるのは新品部品よりも安いこと。年式の古くなったクルマに新品の部品を装着することもないので、リビルト部品は積極的に利用したらいい。

第6章 メルセデス・ベンツの歴史

2007年10月、それまでのダイムラー・クライスラー社は、クライスラー部門を切り離してダイムラー社として再出発を図ることになった。世界の有力メーカーの国際戦略が渦巻くなかで、ダイムラー・ベンツ社は、アメリカのクライスラーを吸収したが、結果として成功したとはいえないものだった。クライスラーと分かれた同社は、新しい社名にベンツという名称を復活させなかったが、それは旧に復するイメージとならないためと説明されている。販売台数の多さが生き残りのカギになるという考えが支配した、1990年代の終わり近くに始まった一連の自動車メーカーの連衡合従は、いずれもあまり実りのないまま旧に復することで生き残りをかけることになった。

ダイムラーは、伝統に則って高級車路線で勝負することになり、その中心がメルセデス・ベンツである。ベンツの名は、自動車名としてこれまでどおり残ることになっ

自動車及び自動車用ガソリンエンジン開発の父といわれるゴットリーフ・ダイムラー（左）とカール・ベンツ。二人は別々に同じ時期にガソリンエンジンを完成させ、それぞれ自動車メーカーとしての歩みを始めた。

たわけだ。このメルセデス・ベンツというのは、1926年にときのダイムラー社とベンツ社が合併したとき以来の車名であり、それ以前は、ダイムラーはメルセデス、ベンツ社はベンツという呼び名であった。ダイムラーもベンツもドイツを代表する二大自動車メーカーであったが、その合併で、世界の高級車メーカーとして多くの自動車メーカーから目標にされ続けてきた。

　現在、自動車エンジンの主流であるガソリンエンジンの実用化は、別々であるがダイムラーとベンツがほぼ同時期に成し遂げたものである。メルセデス・ベンツの歴史を語るにあたって、ダイムラー社とベンツ社が別々に活動した19世紀終わり近くからの草創期、1926年の合併からダイムラー・ベンツとして活動した第二次世界大戦までの時期、さらには戦後の1980年代ごろまでの時期、そして現在に近い時期と大きく分けてみることにしたい。

1. 両メーカーの合併までの草創期の活動

　設立してからしばらくのダイムラー社とベンツ社を語る場合のキーマンとしては、ゴットリーフ・ダイムラー、ウィルヘルム・マイバッハ、エミール・イエリネック、そしてカール・ベンツの四人をあげることができる。ベンツを除く三人は、いずれもダイムラー社と関係しており、ベンツ社がカール・ベンツ一人の技術力で成立したのに比較すると、それぞれの役割を三人が果たしているので、それだけ組織的に活動したといえるかも知れない。

　ガソリンエンジンの乗用車が世界で最初につくられたのは1886年ということになっており、1月にカール・ベンツは3輪車ながらクルマを完成させて走らせている。3輪にしたのは、舵取り装置のことを考慮したからで、商品としてのクルマづくりを意識したものであった。これにわずかに遅れてダイムラーとマイバッハは協力してガソリンエンジンを馬車のボディに乗せて走らせている。

　わずかにベンツの方が早かったから、最初のクルマはベンツがつくったことになるが、その前年の1885年にはダイムラーがガソリンエンジンを搭載した2輪車をつくっている。この当時、クルマに搭載できるコンパクトなガソリンエンジンをつくること自体が非常にむずかしいことであった。

　ダイムラーとベンツの活動拠点

ダイムラーが単気筒ガソリンエンジンを搭載して、1885年に完成させた2輪車。前後ホイールも木製である。

第6章 メルセデス・ベンツの歴史

は100キロも離れていなかったものの、シュツットガルトとマンハイムと、別々に同時期に自動車に搭載可能なガソリンエンジンをつくり上げることに成功したのである。

どちらも、現在の主流である4サイクルエンジンであるが、このエンジンがオットーサイクルといわれているように、最初にガソリンエンジンを完成させたのは同じドイツ人のニコラス・オットーで、1876年のことである。このエンジンがそれまでのものと異なるのは、シリンダー内に吸入したガスと空気を圧縮して燃焼させたことである。吸入・圧縮・燃焼・排気という4行程を持つエンジンを最初に実用化することに成功したのだ。このエンジンが「オットー・エンジン」と命名されたのである。

1876年にニコラス・オットーによって完成された最初の4サイクル・ガソリンエンジン。

現在のガソリンエンジンと比較すると圧縮比はきわめて低いものであったが、それでも混合気が圧縮し終わる直前に点火するという効率の良い方式を採用することで、蒸気機関はいうに及ばず、それまでのガスエンジンなどをしのぐ性能を発揮した。エンジン回転は毎分200〜250回転だった。ただし、このオットーのエンジンは定置用の動力だったので、大きくかさばるものだった。これに刺激を受けて、ダイムラーやベンツが軽量コンパクトなエンジンをつくり上げたのである。

ダイムラーとベンツの偉業を称えたポストカード。

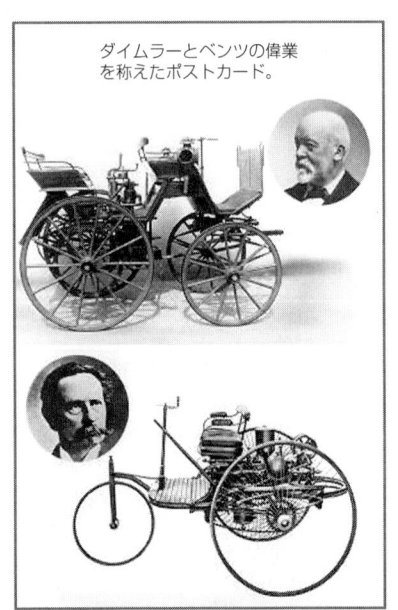

ゴットリーフ・ダイムラーやカール・ベンツがガソリンエンジンを実用化させようと取り組んでいた19世紀の後半は、ドイツでも産業革命が進行し、新しい時代・新しい社会が訪れようとしていた。ガソリンエンジンの実用化は、新しいビジネスを生み出すチャンスだった。

1882年までゴットリーフ・ダイムラーとウィルヘルム・マイバッハはニコラス・オットー率いる「ドイツ・ガス・エンジン製作所」の技術部門につとめていたが、新しい目標に邁進するためにダイムラーが独立し、それにマイバッハが行動をともにしたのである。

■ダイムラーとマイバッハ

　ガソリンエンジンを実用化することに賭けたダイムラーの技術力と情熱と執念は、並大抵のものではなかった。1834年にパン屋と酒屋をかねた商人の子として生まれた彼は、14歳のときに近くにあった鉄砲鍛冶のところで徒弟として働きスキルを身につけるとともに、夜間と日曜に学ぶシュツットガルトの補修工業学校に通い、技術者としての実際的で基礎的な教育を受けた。その後も工場で工具として働くかたわら、特待生としてシュツットガルト工業専門学校に入学した。

　10歳のときに両親を失ったマイバッハは、1846年2月生まれでダイムラーより12歳年下である。父親も腕利きの指物師で、15歳のときに徒弟として機械製作所で働きながら、ダイムラー同様に市立の補修工業学校で物理や図面の書き方などを学んだ。マイバッハも年少のころから物づくりの腕に優れ、並々ならぬ才能の持ち主であることで周囲に知られた。

　1867年、機械製作所で重役として働くことになったダイムラーは、そこでマイバッハと出会い、ダイムラーはその2年後に蒸気機関車や各種の機械類を製作する「カールスルーエ機械製作所」に工場の総支配人として転職するが、このときにマイバッハを誘い、二人の結びつきが強まった。ダイムラーはマイバッハの能力を大いに買っていた。

　その後、ダイムラーは「ドイツ・ガス・エンジン製作所」に設計担当の技術重役としてスカウトされ、新機構のエンジンをさらに改良することに携わってから独立する。その1年後の1883年に、燃料にガソリンを使用した最初のエンジンを完成させている。

ダイムラーとともにガソリンエンジンの開発、及び自動車の商品化に貢献して、ダイムラー社の基礎をつくったウィルヘルム・マイバッハ。

　このエンジンは改良が続けられ、1885年に木製のフレームを持つオートバイに搭載された。オートバイに搭載したのは、エンジンをどこまで小型化できるかへの挑戦の意味があり、機構がシンプルな空冷単気筒エンジンであった。

　世界初のガソリンエンジンを搭載し、麻のベルトによりホイールを駆動するオートバイだった。倒れないように補助輪が取り付けられ、鉄板を巻き付けた馬車と同じ木製ホイールで、この直後に現れるスマートな自転車と比較すると駄馬のような印象である。

　次いで、ダイムラーとマイバッハが取り組んだの

第6章 メルセデス・ベンツの歴史

1886年につくられたダイムラーの馬車自動車。エンジン以外の多くは馬車メーカーのものの流用であった。

1886年に完成したダイムラーのガソリンエンジン。まだ気化器や点火方式はプリミティブなものだった。

は、既成の馬車にエンジンを取り付けて自動車にすることだった。馬車自動車と呼ばれたもので、エンジンはリアシートの下におかれている。エンジンは水冷、排気量も462ccと大きくなり、1.1馬力で680回転である。

　ダイムラーの関心事は、このエンジンでどのような事業を展開するかであった。1887年7月には、本格的にエンジンを製造するために新しい工場がつくられた。販売されたエンジンは鉄道用、市街鉄道、消防車の放水用などに使用されたが、フランスでは、このエンジンをダイムラーから購入してパナールやプジョーが自動車に搭載、自動車メーカーとして活動を始めた。ガソリンエンジンはドイツで実用化されたものの、それを使用したクルマは、フランスで先に販売されたのである。

　同じガソリンエンジンの開発に情熱を傾けて実用化に成功したカール・ベンツのほうは、ガソリンエンジンを使用するには自動車が最適であると考え、最初から自動車メーカーとなることを目指してガソリンエンジンの開発を始めた。個人の力ですべてを行ったので、商品として完成するのに手間取った。その点では、フランスで自転車メーカーとして成功したプジョーや蒸気機関の自動車をつくっていたパナールの方が組織的な活動でカール・ベンツより先に完成度の高いクルマをつくりあげたわけだ。

　ダイムラーとコンビを組むマイバッハは、ガソリンエンジンを搭載する自動車の開発に意欲を見せ、ダイムラーも、マイバッハに引きずられるかっこうで自動車づくりに手を染めた。ダイムラーが自動車に熱心でなかったのは、ドイツの上流階級がこのころになっても馬車を重要視して、クルマにあまり興味を示していなかったことによる。フランスでは蒸気エンジンを動力とする自動車を走らせて楽しむ人たちが増えて

165

きたが、ドイツではフランスほど自動車に関心を示す人が少なかった。自動車レースが世界で最初に行われたのもフランスであった。

■自動車メーカーへの道

　新しい工場に移ったダイムラーとマイバッハは、まずV型2気筒エンジンをつくり、このエンジンを搭載した自動車をマイバッハが開発した。

　馬車自動車を発展させたもので、彼らの工場でつくった最初の本格的な自動車である。自転車を四輪化したかたちで、エンジンはシートの下に配置され、鋼管フレーム、ホイールはスポーク付きスティール製、タイヤはソリッドゴム製である。

　このクルマは1889年のパリ万国博に展示された。カール・ベンツの三輪自動車も同様に展示されている。しかし、どちらも期待したほどの反響が得られなかった。エンジンがつけられた

1889年に自動車メーカーとなるためにつくられたダイムラー鋼製車輪車。2馬力エンジンで車両重量300kg、最高速18km/hだった。

新しい乗りものであるが、観客の多くは豪華で華麗な馬車の方に目を奪われ、あまり関心を示さなかったという。

　その後、ダイムラーのガソリンエンジンはイギリスやオーストリアなどでもライセンス生産されるようになり、マイバッハによりキャブレターの改良などが加えられパワーのあるエンジンになっていった。

　フランスで自動車製造が盛んになって、自動車メーカーが成立する基盤ができつつあり、エンジンの製造とそのライセンスの販売だけでは先細りになっていくのは次第にはっきりしてきた。ダイムラーのところでも否応なく自動車メーカーとして歩んで行かざるを得なくなってきたのである。

　1895年につくったマイバッハによるダイムラー3号車は、それまでのものより格段に進化していた。麻を編んでつくられたベルトによる駆動であることから「ベルト車」と呼ばれている。次々に改良が加えられ、やがてホイールの駆動はベルトからチェーンになり、空気入りタイヤを採用、ホイールベースもやや大きくなり、エンジンはパナールと同様にフロントに配置され、後輪を駆動する方式になっていく。エンジン性能はベルト車の2馬力から4馬力に向上し、機構的な進化は著しかった。

第6章 メルセデス・ベンツの歴史

その後、レースが盛んになるにつれてエンジン出力の増大が重要になった。ダイムラーの指揮のもとに、マイバッハにより直列4気筒23馬力エンジンが1897年に完成、どのメーカーのものより高出力エンジンであることがダイムラーに有利に働いた。点火装置についても進歩が見られた。

■メルセデス車の登場

自動車メーカーとしてダイムラー社が活動するようになって、その有力なユーザーの一人がエミール・イエリネックであった。

イエリネックといえば、自分の娘のメルセデスという名前をダイムラー車につけたことで知られているが、ダイムラー社が自動車メーカーとして有力な企業に成長していくために多大な貢献をしている。

彼はライプチッヒのユダヤ人学者の息子であるが、ウィーンで育ち、その後北アフリカから果実などの輸入事業で成功して資産家になった。この頃はフランスのニースでオーストリア領事をしており、1897年にダイムラー車を購入して、自らレースに出るようになるとともに、ダイムラー車のドイツ以外の国の販売権を取得し、自動車販売事業にも手を出した。

イエリネックは、単にクルマを乗り回して楽しむだけでなく、レースに出場することで、ダイムラー車をどのように改良すべきか進言した。その進言が的を射たものであり、チーフエンジニアであるマイバッハとの親交を深めていた。

もっとも大切なイエリネックの進言は、レース中の事故がきっかけとなった。イエリネックは、1900年にニースの裏山で行われたヒルクライムのレースで優勝したが、このときに出場したダイムラー社のドライバーだったウィルヘルム・バウアー

1895年製のダイムラー・ベルト車。直列2気筒エンジンを搭載、エンジンも格段に進化していた。

1900年製のメルセデス車。イエリネックの進言によりホイールベース・トレッドが大きくなっている。

167

エミール・イエリネック。オーストリア人でダイムラー車でレースをし、販売権を取得、メルセデスの名付け親でもある。

がコーナーで転倒して死亡してしまったのである。このレースのために使用されたダイムラー車にはパワーのある直列4気筒エンジンが搭載されていた。

　イエリネックは、自分がレースを続けるためにも、この事故の原因が、パワーが向上したにもかかわらず、馬車のようにクルマの重心が高く、安定性が良くないことが原因であると考えた。そのために、イエリネックはホイールベースを長くしてトレッドを広げ、重心位置を下げるクルマにすべきだと提案した。

　ダイムラーはレースにはあまり熱心ではなかったが、自動車メーカーとしての地位を確保するにはレースで好成績を上げることが重要であった。そのことを理解していたマイバッハは、イエリネックの提案どおりのクルマに仕上げた。このときにイエリネックは、自分の提案を受け入れたクルマをつくってくれれば、36台を即座に買い入れることを約束した。

　イエリネックの提案したクルマがつくられたことによって、馬車の影響を本格的に脱して自動車特有のディメンションを持ったクルマが誕生したのだ。それまでは四輪馬車の車輪配置を漫然と踏襲してわずかな改良をした程度だったのだが、初めて動力を持つクルマのあるべき前後輪の位置(ホイールベースとトレッド)が見直されたことになる。これにより、大幅に操縦安定性が良くなり、このクルマの基本寸法は、その後の自動車に大きな影響を与えた。果たして、翌1901年のレースでこの新しいメルセデスは好成績を上げることができた。

1901年製のダイムラー35ps。このクルマが1902年からメルセデスと呼ばれるようになった。

第6章 メルセデス・ベンツの歴史

この馬車の影響から脱したクルマは、レースに出場する際にイエリネックによってメルセデスと名前を付けられ、ドイツ以外で独占販売するときも車名として使用された。彼の夫人がスペイン人で子供の名前がスペイン風に付けられていたのだった。呼びづらすぎず、しかも響きのよい名前だった。

1903年製のメルセデス・シンプレックスのレース仕様車。60馬力を誇るが後に90馬力も登場した。

ダイムラー社は、2000年にメルセデス100歳の誕生を迎えたとして特別にプレスリリースを発行した。そのなかで、イエリネックが1900年に発注した36台のクルマの総額は55万マルクとなり、現在の金額に換算すると200万ポンドで、当時のダイムラー社の年間の総生産額の3分の1に相当するものであったと記されている。現在なら、当時のクルマ1台がちょうどメルセデス・ベンツS500と同じ車両価格であるという。1900年の段階でダイムラー社の従業員は344人、年間生産台数は96台という規模だった。

このクルマをニューダイムラーという名でドイツ国内で販売していたダイムラー社も、1902年からメルセデスという車名に統一した。ダイムラーという語感がドイツ以外ではあまり好評でなかったせいでもあるといわれている。メルセデス車の販売が伸びることで、ダイムラー社は自動車メーカーとして大きく発展することになった。

イエリネックはメルセデス車の販売権を獲得して各国での販売につとめるとともに、ダイムラー社の重役にもなっている。イエリネックは、単に娘の名前をダイムラー車につけたことだけで知られているが、同社に対する貢献度は、かなりのものがあるといえるのだ。後年フェルディナント・ポルシェがダイムラー社に入ったのも、監査役を務めるイエリネックの推薦に

イエリネックの娘であるメルセデス。11歳のときに車名としてその名が使用された。

169

よるものだった。

　ちなみに、今日までその名を残したメルセデス自身は、それほど幸福な人生を歩んだとは言い難い。1889年9月にウィーンに生まれた彼女は、1909年ウィーンのカール・シュロッセル男爵と結婚、一女一男を儲けるが1926年に離婚。その後、ウィーンの彫刻家ルドルフ・フォン・ヴァイグルと電撃結婚するが、ヴァイグルは数か月後に肺結核で死亡、彼女も1929年に39歳で骨髄癌で死亡した。また、彼女の妹であるマーヤも、ダイムラー社の姉妹会社であったオーストリアにあるアウストロ・ダイムラー社で、ポルシェが設計したクルマにその名が付けられたが、このクルマは成功とはいえないものだったので、現在はほとんど忘れられている。

■カール・ベンツの活動

　ダイムラーと並んで自動車の歴史にその名をとどめるカール・ベンツも、努力によって頭角を現した人物である。二人ともドイツの南部の比較的近いところで活動したから、お互いに顔を合わせる機会はあったにしても、生前に親しく交わった形跡はない。

　蒸気機関車の釜焚きから機関士になり、一家を支えた父親を早くに亡くし、母親のがんばりで大きくなったベンツ少年は、母に楽をさせたいという思いが強く、子供の頃から機械づくりに興味をもっていた。

　父の恩給で慎ましく暮らすことになったが、カールスルーエにできた高等工芸学校の工学部で学んだ。ここで蒸気機関より効率に優れた熱機関があることを教わり、理想主義的な考えを持つようになったという。1844年生まれのベンツはマイバッハより2歳年上であり、オットーやダイムラーよりは10歳以上若い。

　1864年7月、卒業と同時に、工作機械や蒸気機関をつくる地元の有力企業であった「カールスルーエ機械製作所」に工具として就職する。ダイムラーが重役として働く少し前のことである。朝6時から夕方7時まで現場の作業員として働き、2年間で退社。この地方の大都会であるマンハイムに行き、計量器などをつくるシュバイツァー社で図面引き及び設計員として働き、1871年にベンツは27歳で独立を果たす。

　ささやかな工場ではあったが、希望に燃えてスタートが切られた。このときまでにベンツは、生涯の良き伴侶となるベルタ夫人と家庭を持っていた。つくるのは建設用の金物や薄板の加工品などで、近隣の機械工場でできない難しいものでも、ベンツのところではつくってくれるという評判を得た。独立した当座は、普仏戦争に勝って景気が良く、仕事は豊富だった。しかし、その反動で不景気がくると仕事が減り、1870年代の後半になると苦境に陥った。

　ここでベンツは重大な決意をする。下請けとして機械加工製品を受注していたのでは、景気の波にさらされて右往左往する。そうならないためには、誰でもできるもの

をつくる境遇から抜け出すしかなかった。1876年に誕生して評判になったオットーの4ストロークエンジンの誕生が刺激になっていた。機械加工では誰にも負けない腕を持つベンツは、新しい内燃機関をつくるだけでなく、それを利用した乗りものをつくることで、この分野で先頭に立つという野心を抱いたのだ。

まず取り組んだのは2サイクルエンジンの開発だった。ベルタ夫人との二人三脚により、寝る時間も惜しんで開発、1878年に点火装置などに工夫を凝らし、2ストロークエンジンが完成した。2サイクルエンジンをつくる技術者がほかにもいて、有力な後援者もなく、ベンツの申請した特許は認められなかった。それにひるむことなく、ベンツはこれを製品化する。わずかな受注であったが、それを頼りに改良にいそしんだ。

ベンツは資金づくりに苦労しながら研究開発を続け、新しい出資者を得て1883年10月に「ベンツ・マンハイム・ガス・エンジン製作所」をスタートさせる。翌1884年になるとベンツは4サイクルエンジンの開発を始めた。自動車用として4サイクルエンジンのほうが有利であると考えたからだ。

このときにベンツは、明瞭に自動車を意識しており、エンジンがトラブルなく作動するようになると、自動車の開発に進んだ。1886年にベンツはガソリンエンジンを搭載した三輪自動車を完成させた。前一輪の三輪車にしたのはステアリング装置がシンプルになるからで、四輪にステップアップするためのプロトタイプ車だった。デフが取り付けられており、チェーン駆動によりホイールを駆動する方式である。

1888年に行われた、この三輪車によるベンツ夫人ベルタと二人の息子オユゲンとリヒャルトのドライブが

1886年に完成したベンツ三輪車。
単気筒0.8馬力、車両重量263kg。

敢行された。ようやく誕生したガソリン車による200kmほどのツーリングが行われた。これが最初の女性ドライバーによるものとされている。

しかし、自動車の製造はすぐにビジネスになりそうもなかった。このため、二人の出資者とベンツのあいだは険悪にならざるを得なかった。それでも、ベンツは自動車の開発を諦めなかった。そこにベンツのやり方を理解する出資者が現れ、ベンツの事業は少しずつ軌道に乗っていく。カール・ベンツの事業のほうが、ダイムラーとマイバッハのものより先に花開いたといえるのは、価格の安い自動車を志向したからである。

1893年につくり上げた四輪車をベンツは「ヴィクトリア」と名付けている。丸ハンドルを使用した最初のクルマで、ステアリング装置の改良に心血を注ぎ込んで成功させたものである。スムーズにコーナリングするためにアッカーマン機構が採用され、舵棒から丸ハンドルになり、コーナーへの進入で、ドライバーはそれまでより余分な神経を使わなくて済むようになった。

エンジンは3馬力で、点火方式も気化器も改良が加えられた。こうして生まれたのが「ヴェロ」と呼ばれた2000マルクという、当時としては驚くべき安い価格のクルマである。これは「ヴィクトリア」と同じレイアウトにしながら、機構をできるだけシンプルにしてコストを削減したものである。

1897年に新しく水平対向2気筒エンジンを開発、エンジンのバリエーションを増やしている。ベンツ社も少しずつ売れ行きを伸ばすようになり、フランスへの輸出も伸びた。

フランスのメーカーだけでは伸び続ける国内需要に応えるだけの生産ができなかったし、ベンツ車はフランス車にない魅力を持っていたからで、19世紀の終わりの段階では、ベンツ社はドイツで最大の自動車メーカーとなっていた。

1893年につくられたベンツ・ヴィクトリア。ステアリングホイールを装備。ドライブするのはベンツ夫妻。

ベンツ社がドイツ最大の自動車メーカーとなったのは、1894年のベンツ・ヴェロによってである。

1897年にベンツによって開発された2気筒水平対向エンジン。

■ダイムラーとベンツのレースでの活躍

　自動車レースに熱心に取り組まないベンツは、いささか保守的であったと言われている。同社に入った先進的な技術者であるホルヒは、ベンツと対立して退社し、ホルヒ社を設立したが、ここで資金を提供した人たちと意見が合わずに飛び出した。新しく自らの会社を立ち上げたが、ホルヒという社名は飛び出した会社が使っているので、ホルヒというドイツ語の「聴く」という意味のラテン語であるアウディという社名にしている。

　それはそれとして、保守的なベンツも、売り上げを伸ばすダイムラーがレースでも活躍する様子を見て、レースに力を入れざるを得なくなった。1909年にレーシングカーとして設計されたブリッツェン・ベンツが時速200kmの壁を破り、注目されるスピード記録をつく

ハンス・ニーベルらによって開発されたブリッツェン・ベンツ。1909年製。スピード記録だけでなく、レースでも活躍した。

り、ベンツ車の技術が優秀であることを広めた。
　ヨーロッパの国名を冠したグランプリレースが定期的に開催されるようになり、ベンツ車もそのレースで活躍するようになった。これらはカール・ベンツの手を離れ、次の世代の技術者たちが設計したものであり、カール・ベンツは1912年に社長を退いている。
　ダイムラー社のほうはそれ以前からレースに熱心だった。当時の高性能車はスポーツカーとしてつくられ、レース車とスポーツカーは、現在のように別の種類のクルマではなく、ほとんど同じような機構であり、性能であった。異なるのはスポーツカーが公道を走るように車両の保安基準を満たしたにすぎない。
　レースで好成績をあげることは、そのまま市販車の性能がよいことに結びついていたのだ。1902年に登場したメルセデス・シンプレックスは、各地のレースで好成績を残し、さらに戦闘力を上げるためにハイパワーエンジンが搭載された。ベンツとダイムラーは、レースでも好敵手となったのである。
　いっぽう、病いに冒されたダイムラーは、それよりもずっと早い1900年に死亡している。メルセデスが大成功を納めて、ダイムラー社が自動車メーカーとして確固とした基盤をつくることになるのを知らないままこの世を去ったことになる。

ダイムラーの死は、マイバッハのその後の運命を変えた。1903年に出資者として経営に参画していた経営者と馬があわず、対立関係は改善されなかった。技術者としては最大の功労者であるマイバッハの言い分が次第に通らなくなったが、メルセデス車の販売は好調であった。

1907年、マイバッハは退社し、新しい出資者を得て独立し、技術者としての手腕を発揮して高級車をつくり、一定の評価を得たが、20年ほどで活躍を終えている。そして、21世紀の初頭に、クライスラーと合併したダイムラー社は、同社のフラッグシップカーともいうべき超高級車を開発し、その車名をマイバッハとした。いまさらながら、マイバッハのダイムラーへの貢献の大きさに応える意志を示したと見ることができよう。

マイバッハに代わって技術担当重役になったのはゴットリーフ・ダイムラーの息子のパウルである。父とマイバッハの薫陶を受けて、優秀な技術者に育ってきていた。1914年のフランスグランプリでは、メルセデス4.5リッターが勢いのあったプジョーを破り優勝したが、このレースの指揮を取ったのがパウルであった。

マイバッハ・ツェッペリンDS9。気球で有名なツェッペリンがスポンサーとなって開発、マイバッハはダイムラー同様高級車路線を歩んだ。

1914年のフランスGPで優勝したメルセデス4.5リッターマシン。

1909年にスリーポインテッド・スターを商標登録し、メルセデス車のエンブレムとして正式に採用している。父の遺志を継いだパウルは、トラックやバスなども積極的に開発し事業を広げた。さらに、航空機や船舶、飛行船、鉄道車両などの分野にも積極的に進出し、ドイツを代表する重工業メーカーとしての地位を確立した。

■第一次世界大戦の影響

1914年6月、訪問先のボスニア・ヘルツェゴビナの首都サラエボでハプスブルク家の皇太子が暗殺されたのをきっかけにして、第一次世界大戦が勃発する。当然のことな

がら、世界大戦中は、乗用車の製作は抑えられ、トラックなど兵器に転用できる自動車の製造が中心になった。もちろん、レースも開催されなくなる。

1918年11月に敗戦、ドイツではウィルヘルムⅡ世は退位し、ワイマール連合が成立したが、敗戦による経済の悪化により、史上空前のインフレーションに襲われる。ドイツの全海外領土・海外植民地が失われ、アルザス・ロレーヌをフランスに割譲、徴兵制の禁止、航空機・戦車・重火器・潜水艦・航空母艦の保有禁止などの徹底した軍縮、さらに1320億金貨マルクという多額の賠償金が課せられた。

ドイツのインフレが収まるのは1923年のことである。

ドイツの自動車生産は、戦後になってトラックなどに代わり乗用車の生産が増えていったが、この時代にドイツで生産台数でトップとなったのはアメリカのゼネラルモーターズの傘下にあるオペル社であった。1920年代に入ってから、以前は一部の富裕層だけのものであった乗用車が、中間層が増えてきたことで徐々にではあるが、生産台数は増えてきた。

しかし、1922年末になるとダイムラー社は、経営上の危機に立たされた。労働組合のストライキがあり、販売も低迷し、1922年12月には創業者の息子、パウル・ダイムラー技術部長兼取締役が責任を取って辞任、パウルはホルヒに移籍した。この難局を乗り切るために、同社の技術部門の統括責任者として1875年9月生まれのフェルディナント・ポルシェを招聘した。1906年7月にアウストロ・ダイムラー社でパウル・ダイムラーの後任としてポルシェがその後任に推薦され、17年後に再びポルシェはパウルを引き継いで、ダイムラーで車両開発の責任者になったのである。

ポルシェが着任したとき、ダイムラー本社でパウルらによって開発されたスーパーチャージャー付きレーシングカーが開発途中であり、その改良がポルシェのダイムラー本社での初仕事であった。

1924年のメルセデス・スーパーチャージャー付きマシン。パウル設計でポルシェが改良したもの。

このころから、エンジンのパワーアップを図る手段として過給器を装着するようになり、レースに出場するようになる。スポーツカーにも装着されるが、普段は自然吸気エンジンとして使用し、特別にパワーが欲しいときにはアクセルを全開にすることで過給器が働くようなシステムになっていた。

１９２４年には、このスーパー

チャージャー付き4気筒エンジンのメルセデスレーシングカーがタルガ・フロリオなどに出場して、好成績を残している。これは、敗戦により意気消沈するドイツに一筋の光明をもたらすものであった。

この時期のモデル名には24/100/140psといった具合に二つないし三つの数字が並

1926年製のメルセデス24/100/140。スーパーチャージャー付き。

べられたものが多いが、最初は、いわゆる課税馬力で、その次が自然吸気エンジンの最高出力、三つめの数字が過給器つきの場合の出力を示すものである。

2. ダイムラーとベンツの合併から第二次大戦まで

■両メーカーの合併

　ダイムラー社とベンツ社は、1924年5月に「利益共同体」契約を結んで合併への準備が始まった。この時代には、中小の自動車メーカーの倒産が相次ぎ、フランスなどからの輸入車にも押され気味で、ドイツの自動車メーカーの多くは苦しんでいた。
　ドイツの自動車産業を守るためにも各メーカーの体力を増強する必要に迫られたのである。ドイツでは「利益共同体」契約は合併に進むプロセスであり、正式に統合する1926年6月までに両メーカーによる周到な準備が始められた。両社の株式比率はダイムラー600に対してベンツ346となったのは、その資産や企業の規模を反映したものである。アウディ、DKW、バンデラー、ホルヒが合併してアウト・ウニオンとなるのも、同様に自動車メーカーとしての危機感を抱いたからである。
　いずれにしても、合併により誕生したダイムラー・ベンツ社は、ドイツではもっとも伝統と実績のあるメーカーとして、ドイツの自動車界をリードしていくことになる。
　ダイムラーのスリーポインテッド・スターとベンツの月桂樹の葉を組み合わせたエンブレムが新しくデザインされた。この合併のときまで両メーカーに関わる自動車のパイオニアで生存していたのはカール・ベンツだけであった。すでに引退していたが、ダイムラー・ベンツ社でも、引き続いて取締役としてその名前が残された。ベンツは、実際に顔を合わせたことのなかったゴットリーフ・ダイムラーのことを尊敬し

第6章 メルセデス・ベンツの歴史

1928年につくられたマンハイム350。

ており、このときの合併も歓迎していた。静かな隠遁生活を送っていたベンツは、合併の際に開催された祝賀会では、久しぶりに脚光を浴びたのだった。このときすでに82歳になっていたが、元気な姿を見せており、ベンツがなくなるのは、その3年後のことであった。

　この合併により、ダイムラー・ベンツ社のクルマは、メルセデス・ベンツと呼ばれるようになるが、合併後に誕生したモデル名として、ドイツの都市名が付けられたのも、この時期の特徴である。2000ccの8/38psのシュツットガルトはダイムラー系、3100ccの14/70psのマンハイムはベンツ系と区別される。これらは1928年に排気量を拡大して改良が加えられるが、このときからシュツットガルト260（2600cc）、マンハイム350（3500cc）という呼び名になり、排気量の大きさがモデル名につく数字となった。この年に、これらより排気量の大きいセダンとしてニュルブルク460が加わった。

　合併したダイムラー・ベンツ社の車両開発のトップは、ダイムラー社にいたフェルディナント・ポルシェであったが、それぞれに異なるメーカーであったことから、車両開発の方向性をめぐって多少の不協和音があったのは致し方ないことかもしれない。

　そんななかで、ポルシェの主導で進められ歴史に名を残しているのがメルセデスSシリーズである。名ドライバーであるルドルフ・カラチオラのドライブなどで各地のレースで活躍した。メルセデスSを改良したメルセデスSS及び2シーターになったSSK

１９２８年のメルセデスSSK。Sシリーズのスポーツカーとしてレースでも活躍。Kはショートを意味する。

が1928年に登場、ライバルであるブガッティと好勝負を繰り広げた。

■小型車か大型高級車かの対立

　ポルシェ博士が、ダイムラー・ベンツに在籍するのは1928年10月までのことである。この少し前から、ポルシェを中心として小型車の開発を推進すべきだという主張と、高級車の開発を優先すべきだという対立が社内で深刻になっていた。

　もともとダイムラー社は利益の大きい高級車志向が強い傾向のメーカーであり、レーシングカーの開発にも理解を示していた。ポルシェは資金と技術力を必要とするレーシングカーの開発に熱心であったが、同時にコストが安くて性能の良い大衆車をつくりたいと考えていた。後にヒトラーの要請でフォルクス・ワーゲンのもとになるクルマを開発することになるポルシェは、ダイムラー・ベンツ社のセダンのラインアップの中に排気量の小さいクルマの導入を提案したのである。しかし、ダイムラー・ベンツ社の方針会議では、このクルマの導入の否決が確認され、上級クラスのニュルブルク460を加えることが決定された。これを不満としてポルシェは同社を去ることになるが、その後任になったのがブリッツェン・ベンツなどの開発を手がけて頭角を現したハンス・ニーベルであった。

　したがって、このときにポルシェの主張が通っていれば、メルセデスによる大衆車が市販されることで、あるいはフォルクス・ワーゲンは生まれていなかったかもしれない。この時代は、各メーカーが生き残りを賭けて販売台数が見込める大衆車の開発に注目していたのだが、ダイムラー・ベンツは、それとは異なる行き方を選択したのだった。

　ちなみに、同社を去ったポルシェはオーストリアのシュタイア社に入るが、1930年には、ここも辞めている。というのは、シュタイア社が以前ポルシェが在籍したアウストロ・ダイムラー社と合併することになったためで、このときもポルシェはレースに理解を示さない同社の態度に腹を立てて辞めていたからであった。さすがのポルシェも50歳になって、宮仕えを辞めてポルシェ設計事務所を開設する。その時期とアドルフ・ヒトラーがドイツの政権をとるタイミングとが重なってフォルクス・ワーゲンが誕生するきっかけがつくられたのである。

なお、1930年にはニュルブルク460より大きなグロッサー・メルセデス770Kがつくられるが、これがクルマ好きのヒトラーの愛用車として使用された。これがモデルチェンジされて1937年に新機構の高級車としてつくられるが、生産台数は少なく、ヒトラーを始めとするナチスの高官が使用したにすぎない。

また、スポーツカーのほうは、ポルシェによって開発されたSシリーズに代わって登場したのが1933年の380Kに始まるシリーズである。Sシリーズのようにレーシングカーをもとにスポーツカーがつくられたのとは異なり、このころにはレーシングカーと市販スポーツカーとが性能的にも機構的にも乖離する傾向を強めたからでもある。

1934年には500Kに、1936年には540Kと性能向上が図られるが、レーシングカーと異なる開発であることにより、装備の充実が図られたグランドツーリングカーの色彩を強めた。それによって、車両価格も特別な富裕層を相手にしたもので、とんでもない高価なものであった。当然、生産台数も少なく、贅を尽くすことで、特別な存在としてブランド性を高める効果があった。

5400cc直列8気筒エンジンの540Kは、スーパーチャージャーを働かせると180psのパ

1930年につくられたグロッサー・メルセデス770K。同社のフラッグシップカーとして登場した。

Sシリーズに代わって登場したのがKシリーズ。1934年のメルセデス500K。3.8リッターエンジンから5リッターにパワーアップされた。

ワーを発揮して時速180kmであった。しかも、車両重量は2.3トンにも達した。セダンやクーペの他にカブリオレも用意されていた。

■ディーゼルエンジンやスリーブバルブエンジンの開発

この時代の高級車用エンジンとして注目されたものに、スリーブバルブエンジンがあった。シリンダーに挿入されるスリーブに吸排気の導入口が付けられて、それが上下することでバルブの働きをする機構である。イギリスのチャールズ・ナイトにより発明されたもので、航空機用エンジンとしても使用されたが、コンベンショナルなポペットバルブのように動弁系が騒音を発しないので、静かで上品なエンジンとして話題になったものだ。同じく高級車志向を強めたフランスのパナールでも熱心に開発が続けられた。

しかし、ポペットバルブを用いたエンジンのほうは改良を続けるうちに性能の向上が見られるのに対して、スリーブバルブエンジンは性能向上を図ることがむずかしくなり、音が静かである利点以外に良いところが見つからずに、1930年代になって次第に姿を消していった。

これと併行して、同社が熱心に開発を続けたのがディーゼルエンジンである。この場合は、とくに合併前からベンツで実用化が目指されていた。燃焼効率ではガソリンエンジンよりも優れていることから、経済的であるとして自動車エンジンに用いる努力がいろいろなところで始まっていた。

ルドルフ・ディーゼルがつくったエンジンは、定置用のかなり大きなサイズのもの

1922年にベンツ社で試作された最初のディーゼルエンジン。

ディーゼルエンジンはまずトラックに積まれて自動車用として実用化された。

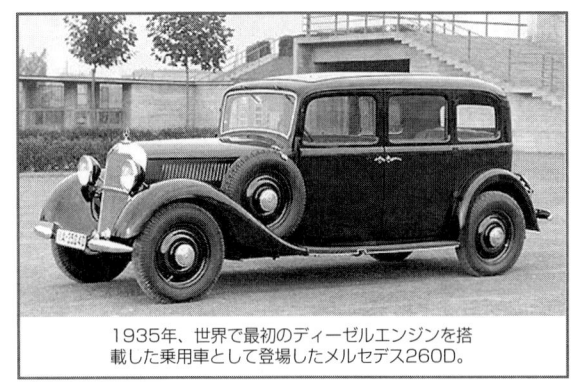

1935年、世界で最初のディーゼルエンジンを搭載した乗用車として登場したメルセデス260D。

で、自動車に搭載するためには、このエンジンの要の技術でもある燃料噴射ポンプなどの小型化が必須であった。これに目処を付けたのが電装品などで実績を示した部品メーカーのボッシュ社であった。1927年のことで、それ以前から予燃焼室式ディーゼルエンジンを試作していたベンツ社に提供され、トラックに搭載された。1930年からボッシュ社により燃料ポンプが量産されるようになり、自動車用ディーゼルエンジンが普及する道が開かれた。これも、ベンツによってディーゼルエンジンの開発が進められていたからである。

　ディーゼルエンジンを搭載した乗用車を最初に実用化したのもメルセデス・ベンツである。1933年に試作車が完成、1935年に2600ccOHV燃焼室式45psで、メルセデス260Dとしてデビューした。その後、第二次世界大戦に突入することもあって、ディーゼルエンジン車の進展は戦後に持ち越されるが、メルセデスはディーゼルエンジンに関しても、他のメーカーをリードする伝統を持っているのである。

■世界恐慌のなかで

　ダイムラー・ベンツが高級車路線を選択したのは、時代の流れを見れば必ずしも正しい選択とはいえなかった。というのは、1929年にアメリカ発の世界恐慌が始まるからで、車両価格の安いクルマの要求は世界的なものとなった。

　メルセデス・ベンツのコンパクトカー、170型は1931年に登場する。しかし、他のメーカーがコストを抑えた大衆車として製作するのに対して、同社はあくまでもそれらと差別化を図るクルマにする姿勢をくずさなかった。

　その手段として用いられたのが四輪独立懸架方式の採用である。コンパクトカーでは居住空間は小さくならざるを得ないが、走行性能は高性能車のそれを維持するために、先進的な機構を採用したのである。ヨーロッパ車のなかでは、乗り心地に影響の大きい前輪を独立懸架にしたものは登場していたが、後輪まで採用したのは、これが最初である。

　1936年には、排気量は同じで、それまでの直列6気筒から4気筒に代わった170Vとなったが、これが第二次世界大戦後も生産されたモデルである。

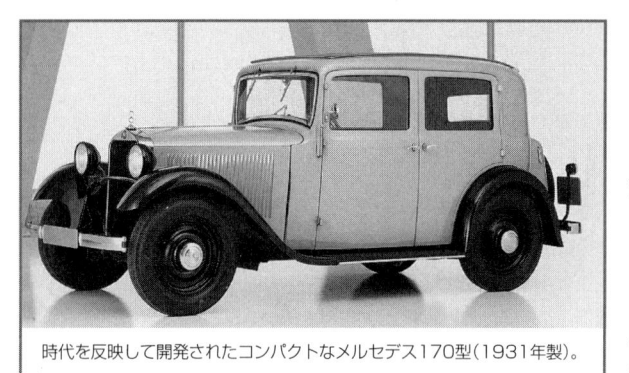

時代を反映して開発されたコンパクトなメルセデス170型(1931年製)。

170型の登場を契機に、メルセデスのラインアップは新しくなった。170型と同じシャシーに2000ccエンジンを搭載したメルセデス200が加わり、それまでのマンハイムやシュツットガルトもエンジン・シャシーとも改良された。

1934年のベルリン自動車ショーには、ドイツの有力メーカーが小型大衆車をそろって発表した。アウト・ウニオンからはDKW1001型、ハンザ・ロイドはハンザ100、オペルはP4オリンピアなどである。これらに混じって、ダイムラー・ベンツもメルセデス130型を出品した。

このリアエンジンの1300cc車は、ポルシェがダイムラー・ベンツ社時代に設計したもので、セントラル・チューブのフレームを持つRR車で、ポルシェの辞任とともに途中で放棄されていたものを急遽かたちにしたものである。コンベンショナルなFR型で、手堅い機構を採用する同社では際だって異なる機構のクルマであるのは、ヒトラーの国民車構想に答える必要性を感じたためである。

1935年に姿を見せたメルセデス130型。RR方式を採用した同社の異色カー。ポルシェの設計になるものであるが、成功作とはならなかった。

市販までこぎ着けたものの、こうした大衆車の開発経験のない同社にとっては成功作とはいえないものだった。

げんに、国民車としてヒトラーの一家に一台という政策が実行に移されてポルシェが設計したフォルクス・ワーゲンのプロトタイプ車もテスト走行を重ね、改良を加えて完成度を高めるのにかなりの年月を費やしている。しかしながら、このVWビートルになるクルマも、開発のめどがたち生産を開始することになったところで戦争に突入して、このクルマをベースにしたキューベルワーゲンなど軍用車が優先されたために、フォルクス・ワーゲンがベストセラーカーとなるには戦後まで待たなくてはならなかった。

■グランプリレースでの制覇

　ベルリンオリンピックとともに、ヒトラーが国威発揚のために力を入れたのがグランプリレースであった。ダイムラー・ベンツとアウト・ウニオンには、そのための補助金まで用意された。

　ヨーロッパを中心にした最大のレースは、もちろんグランプリレースであるが、1934年に車両重量750kg以下という規則になったことで、競争が激しくなった。同じドイツのメーカーであるダイムラー・ベンツとアウト・ウニオンが好敵手になったが、前者はハンス・ニーベルが、後者はフェルディナント・ポルシェが設計したレーシングカーである。

　合併する直前のベンツ時代にニーベルが初のミッドシップのフォーミュラカーとしてつくったトロッペン・ベンツは、その機構だけでなく空力的に見ても画期的なクルマであった。あまりにも先進的であったせいか、レースでの成績は必ずしも目覚ましいものではなかったが、自動車界に大きなインパクトを与えた。これをベースにしたスポーツカーも、同社から台数は少なかったものの市販された。

　このトロッペン・ベンツと同じようにミッドシップにしたレーシングカーを設計したのがポルシェのアウト・

レースでは好成績をあげることができなかったが、画期的な機構のマシンであるトロッペン・ベンツ（1924年製）。

1934年からの新しい車両規定に合わせてつくられたメルセデス・ベンツW25。

ウニオンPワーゲンである。明らかにその影響を受けてつくられたものであった。

これに対して、メルセデスのほうはフロントに直列8気筒エンジンを搭載するごく普通の機構のレーシングカーだった。ただし、750kg以下というフォーミュラカーの規則のなかで3360ccのスーパーチャージャー付きエンジンを搭載して、エンジン性能で圧倒しようというねらいであった。シルバーアローといわれたドイツカラーのメルセデスW25で、これをスケールアップした3990ccのW25Bは354psから430psとなった。DOHC4バルブという進んだ機構のエンジンとなった。

ノイバウアー監督を中心に組織的にチーム運営されて、メルセデス・ベンツは1930年後半は各レースで無敵を誇った。

メルセデス・ベンツのグランプリマシンに搭載された直列8気筒スーパーチャージャー付きエンジン。5660ccで646psを発生。

メルセデスチームは、ドライバーの経験を持つアルフレッド・ノイバウアーが監督として、ドライバーの選出からレースでの作戦まで、チームの勝利のための組織的な活動を実施、各国のグランプリレースで圧勝した。この時代のメルセデスチームの強さは、伝説となっているものだ。

しかし、1939年9月にはヒトラーがポーランドに進撃したことで、第二次世界大戦が勃発して戦時体制となる。このころのダイムラー・ベンツ社が力を入れたのが、倒立V型12気筒の航空機用エンジンの開発である。これはDB600シリーズで、ドイツの誇るメッサーシュミットやハインケルなどに搭載された。30リッターを超える排気量で、ボッシュ製の燃料噴射装置を用い、ターボチャージャーの採用、それもツインターボやインタークーラーの装着など、新技術

航空機用DB600エンジン。倒立V型12気筒で、ドイツの主力エンジンとして多くの機体に積まれた。

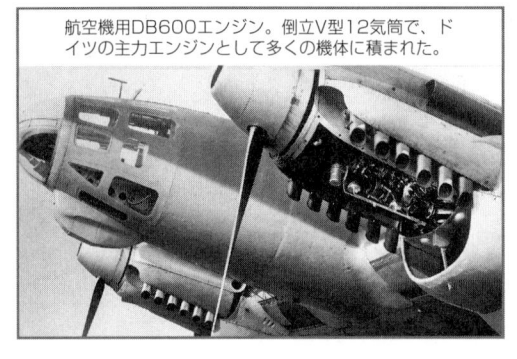

を採用して性能向上が図られた。
　なお、ドイツに対抗したイギリスやアメリカを中心とする連合軍の航空機用主力エンジンは、ロールスロイス製のV型12気筒マリーンエンジンであったが、この最初の設計はダイムラーのレーシングカー用V12型エンジンを参考にして開発されており、これを磨き上げたものだった。

3. 第二次大戦後の復興とブランドの確立

■戦後の乗用車生産の開始

　第二次世界大戦の序盤の勢いがなくなったドイツは、次第に追い詰められていった。西からアメリカ・イギリスなどの連合軍により、東からはソビエト軍によりドイツは攻撃されて、1945年5月の敗戦時、国土は荒廃の極にあった。
　ダイムラー・ベンツ社の工場も70%が空襲により失われた。それでも、1948年に西ドイツと東ドイツに分割された際に、同社の工場は西側にあったために生産再開の障害は少ないほうであった。その点でいえば、後にライバルとなるBMWでは、ミュンヘン工場は西側にあったが、アイゼナハ工場は東ドイツに所属することになったので、ロシア人によって管理され共産圏に供給するクルマがつくられるなどで、生産再開に大きなハンディとなった。
　戦前の自動車メーカーとしての規模の違いもあったが、メルセデス・ベンツがドイツのなかでは比較的早くから生産再開ができたのに対し、BMWは1951年にようやく乗用車の生産を始めている。同社が本当の意味で注目される乗用車メーカーになるには、1961年のスポーティセダンであるBMW1500の登場まで待たなくてはならなかったのである。
　その点、メルセデス・ベンツは早くから活動して、ドイツの復興の立て役者のひとつになった。第一次大戦では、敗戦したドイツを懲らしめるために多額の賠償金を課すなど過酷な状況に追い込んだが、これがナチズムを生む要因のひとつになったのではという反省が勝利した連合国側にあり、ドイツや日本など敗戦国に対して、過酷な賠償を課すこともなかった。それも復興を助けた。
　メルセデス・ベンツで乗用車の生産を再開したのは1947年のこと

第二次大戦後の乗用車は戦前型からスタート。それを1951年に改良、これはディーゼルエンジン車の170D。

170シリーズが1953年にモデルチェンジされて180となった。衝撃吸収構造ボディを採用した画期的なモデル。

で、戦前からつくられていたメルセデス・ベンツ170Vであった。同社のなかではもっともコンパクトなクルマであるが、それでも、この時代にあっては高級なセダンであった。メッサーシュミットの2人乗りタンデムシートの3輪乗用車や簡易なつくりのイソッタBMWと比較すれば分かるだろう。

メルセデス・ベンツが、このモデルを改良して全鋼製ボディにしてサスペンションなどを改良した170Sが1949年5月に登場する。これが同社の戦後の最初の新しいモデルで、排気量は1767cc、全長4450mm、全幅1680mmと、ちょうど日本の小型車サイズであった。これにはディーゼルエンジン搭載車も用意された。

1953年にこの後継モデルのメルセデス・ベンツ180が登場する。スタイルからシャシーまで新しくなり、さまざまな革新的な機構が採用された。画期的だったのは、世界で初めて衝撃吸収構造のボディを採用したことである。フレームがクッションの役割を果たして居住空間の変形を防ぐという乗員の安全性を考慮するのは、いまでは当たり前のことになっているが、メルセデス・ベンツは50年以上前に開発を始め、実験をくり返して実用化させたのである。

その後、1960年にはステアリングコラムの衝撃吸収構造に関しての特許を取得しているが、これも事故の衝撃から乗員を護るために1940年代の終わりから開発を続けていたものである。このように、車両の安全性に関してダイムラー・ベンツ社は世界の自動車メーカーをリードし、常に先進的なスタンダードを確立する役目を果たした。

メルセデス・ベンツ180には、ディーゼルエンジンも搭載され、170に継いでヨーロッパを中心にタクシーに多く利用されたことでも知られる。

1950年代に入ると、イギリスによって管理されたウォルフスブルグにあったVW社のフォルクス・ワーゲンの量産体制が整い、大量に販売されるようになった。フォードがT型でやったのと同じように単一の車種を大量に生産して、それを世界中に輸出する方法を採り、戦前に陽の目を見なかったフェルディナント・ポルシェ設計になるVWビートルが世界的なベストセラーカーとなり、メルセデス・ベンツと並んで戦後ドイツの復興の牽引力になった。

第6章 メルセデス・ベンツの歴史

VWビートルと比較してみれば分かるように、メルセデス・ベンツは明らかに高品質で走行性能を重視したクルマであった。それぞれがターゲットユーザーが異なることで棲み分けが進んだ。

1952年に登場したメルセデス・ベンツ300。プレミアムカーとしてスタイルも斬新だった。

■レースへの復帰と高級スポーツカーの開発

経済的な復興を成し遂げつつあった1951年に、メルセデス・ベンツは直列6気筒エンジンを搭載した、それまでの直列4気筒エンジン搭載のコンパクトカーより上級の220と300シリーズを送り出し、高級車路線を鮮明にする。

220のシャシーなどは、まだ170シリーズと共通であったが、直列6気筒エンジンは、戦前のサイドバルブ方式から一転してOHC型となり、その先進性をアピールした。自動車用ガソリンエンジンを最初に実用化した伝統を持つメルセデスは、この分野でも世界中のメーカーをリードする意気込みを感じさせるものだった。220のボディバリエーションも、セダンの他にカブリオレやクーペも後から続いてスポーツ性もアピールした。

これに対して、300シリーズは220用6気筒エンジンをボアアップしたものであるが、ボディは新設計で、メルセデスのフラッグシップカーとして登場。斬新さと重厚さを感じさせるスタイルで、メルセデスの高級・高品質というイメージを定着させる働きをした。

1952年のルマン24時間レースのスタートシーン。

ラインアップの充実を図ることと連動して、レースにも復帰を果たした。ルマン24時間レースを始めとするスポーツカーに1952年からチャレンジを始めた。戦前からのレーシングチームのメンバーと技術者たちの多くが健在であり、勢いのあるメルセデスチームは、頭角を現してきたジャガーやフェラーリと戦うことになったが、デビューシーズンのルマンで早くも優勝した。

そして、1954年からはF1グランプリレースに進出する。1950年からシリーズレース

187

1955年タイプのグランプリカー、メルセデスW196R。スペースフレームでフロントに2.5リッター290馬力エンジンを搭載。

となり、年間チャンピオン争いをする現在まで続くグランプリが始まっていた。この時代は2.5リッター・フォーミュラ時代で、1950年代後半から台頭してくるイギリス勢はライバルではなく、フェラーリ、ランチャ、マセラティといったイタリアチームが相手であった。

しかし、ワークスチームとしての組織的・技術的レベルでは、メルセデスチームが圧倒、チャレンジ初年度から9戦のレースで7勝、翌55年は7戦開催されたうち5勝した。F1史上最速ドライバーという伝説を持つ、同チームのエースであるアルゼンチンのエマニュエル・ファンジオが連続して年間チャンピオンとなった。

レースでの輝かしいイメージをもとに1954年には、純粋なスポーツカーであるメルセデス300SLが市販される。レースを思い浮かべるスタイルをして、スポーツカーとしてメルセデスのイメージを高めた。このエンジンは筒内直接噴射ガソリンエンジンでもあり、1996年に三菱がGDIとして実用化するが、このときに三菱が「量産エンジンとして世界初」という表現をしたのは、その40年以上前に少

スポーツカーレースで活躍した300SLR。

1950年代を代表するスポーツカーの300SL。

第6章 メルセデス・ベンツの歴史

量生産のスポーツカーにメルセデスが採用していたからである。

こうした先進的な技術は、大戦中に開発した航空機エンジンで用いられたものの応用でもあった。

レースに復帰するとともに、どのレースでも好成績を残したメルセデスチームは、しばらくその黄金時代が続くと思われたが、1955年でレースの世界から撤退した。

その原因は、1955年のルマン24時間レースのアクシデントだった。宿敵のジャガーと争っていたメルセデス300SL型の1台が他のマシンと接触して

直列4気筒エンジンを積むメルセデス・ベンツ190SL(1958年製)。

190SLの後継モデルの230SL。1963年に登場してから人気となり、販売も好調だった。

宙に浮き、火を噴きながら観客席に飛び込み、多くの死者と負傷者を出す自動車レース史上で最悪の事故となったのだ。メルセデス・ベンツの首脳陣は、直ちに1955年限りでレースからの撤退を決め、その後30年近くにわたって、同社のワークスマシンはサーキットに姿を現さなかったのである。

それでも、メルセデス・ベンツのイメージは落ちるどころかプレミアムブランドとして定着していった。ガルウイングドアで登場したスポーツカーの300SLは、1957年にはソレックス2連キャブの125psから、燃料噴射装置付きの160psに進化するとともに、ガルウイングは廃止され、普通のロードスタータイプとなっている。イメージアップを狙った超高価な300SLの販売台数は決して多いとはいえなかったが、メルセデスのスポーツタイプ車としてヒットしたのは、300SLのイメージを受け継いだ小振りな190SLである。

コンパクトタイプの180と同じ直列4気筒エンジンをOHC化し、シャシーなどをスポーツタイプにしたもので、車両価格は300SLの半分以下に設定されており、これに端を発するメルセデスのコンパクトスポーツタイプ車は、アメリカでも人気となったモデルである。

■車種の充実と性能向上

　1960年代に入って、メルセデスの車種構成はさらにバラエティに富むものになっていくが、クルマの性能向上は絶え間なく図られた。それにつれて、エンジン排気量だけでなく、車両サイズも少しずつ大きくなっていった。高級・高品質を維持するためにはプレミアムカーとしてのイメージの向上を図る必要があったからだ。VWだけでなく、アメリカ資本のもとにあるオペルやドイツフォードもシェアを伸ばして侮りがたい存在になってきていた。

　4気筒エンジンの180シリーズは190シリーズになり、6気筒エンジンの220シリーズは250シリーズに発展していく。また、190SLの後継モデルとして230SLが発表されたのは1963年のことであるが、エンジンは4気筒から6気筒になり、シャシーなども新しくなっている。これにはATやパワーステアリングが装着されており、スポーティさでいえば旧モデルよりも後退してラグジュアリーさを強めたモデルになった。このほうがアメリカへの輸出では有利であるという判断もあったのだろう。

　一方で、注目されたモデルとして登場したのが1963年のベンツ600である。超高級リムジーンとして人々の目を見張らせるものであった。250psのV型8気筒エンジン搭載で、全長5540mm、全幅1960mm、ホイールベース3200mmというサイズであった。さらに、走る応接室にした7/8人乗りの600プルマンはホイールベースが3900mmまで伸ばされた。

　1968年に上級モデルである280/300シリーズが新しいスタイルと機構になったが、このときに300SEの最上級モデルに、この6300ccエンジンが搭載された。これが300SEL6.3である。車両重量は1740kgとベンツ600より700kgも軽いのに、同じ250psエンジンを搭載しているから、途轍もないハイパワーであった。その後新しく3.5リッターと4.5リッターのV型8気筒が投入されて、280/300シリーズに搭載されている。

　なお、1959年にはモノコック構造を採用、1960年代に入ると燃料噴射装置付きエンジンの採用が増え、フロントブレーキのディスク化、さらにはリアがセ

テストコースを走る450SL、SLC、SE、SELの各車。

第6章 メルセデス・ベンツの歴史

アメリカの超高級車に対抗するVIP用のメルセデス・ベンツ600。プルマンは全長6240mm、車両重量2640kgだった。

ミトレーリングアーム式の四輪独立懸架方式が増え、四輪ディスクブレーキの採用が見られた。メルセデス・ベンツ社の生産累計が200万台を突破したのは1968年のことである。

なお、1972年に直列6気筒やV型8気筒を搭載する上級車種がモデルチェンジされた際に、スーパーを意味する「Sクラス」と呼ばれるようになり、コンパクトクラスと対の名称になった。

1970年代になると、エンジン性能の向上にともなう車両の安全性が要求される度合いが大きくなり、その対応も他のメーカーに先駆けて実施している。1970年にはブレーキ時のホイールロックを防ぐABS、1973年に衝突時の乗員保護のための自動巻き戻し式の3点シートベルトとセーフティヘッドレストの標準装備、1978年には運転席から調整可能なヘッドライト光軸調整機能の開発、1981年にはベルトテンショナーと運転席のエアバッグの装備がSクラスにオプション設定されている。もちろん、車両構造の安全性も進化を遂げている。

車種では、1977年にTシリーズといわれるワゴン車が追加され、1979年にはジープタイプのゲレンデワーゲンも登場した。

■保守的なイメージに対する危機感

1970年代の後半になると、メルセデス・ベンツ社では将来に対する危機感をいだくようになった。というのは、ドイツでは若者に人気があるのはBMWになってきたからだ。メルセデス・ベンツはプレミアムカーとしては認めるものの、スポーティで若々しい雰囲気がないイメージになっていた。きびきびと走るイメージのBMWのほうが販売でも伸びてきていた。

新しく時代の要請に応えて登場したコンパクトサイズのメルセデス・ベンツ190。

1955年のルマン24時間レース

の事故で、モータースポーツから撤退したままの状態が続いていた。アメリカをはじめとして、世界の高級車ブランドとして認知されているが、ユーザーが高年齢層が中心になっていたのでは、じり貧になる可能性がある。何らかの方法で若いユーザーにも注目してもらわなくてはならない時期に来ていた。

そのための具体的な行動として、モータースポーツへの復帰、コンパクトカーの開発が大きなテーマとして浮上してきた。1973年秋のオイルショックを経験して、石油資源の有限性が強調されるようになり、アメリカでもメーカー別の燃費規制が実施されようとしていた。高級車ばかりでは平均燃費は高いままであるから、規制が実施される前に手を打つ必要があった。そのためには、これまでのものとは異なるコンセプトのコンパクトカーの開発が必須となったのである。

190用のディーゼルエンジン。直列4気筒2000cc。72馬力、トルクは12.5キロ。

メルセデス・ベンツらしさを残しながら、若者にも支持されるコンパクトカーとして開発されたのが1982年に登場したメルセデス・ベンツ190である。注目される機構としては、リアサスペンションにマルチリンク式が採用されたことである。走行性能を高めるために採用されているダブルウィッシュボーンタイプでは、上下のリンクをある程度長くとる方が効果的であるが、フロアや各機構と干渉するために乗用車ではむずかしいところがある。そこで、リンク長さはそのままでもう一つリンクを加えることで、長くしたのと同様な効果を得ようとして開発されたのがマルチリンク式サスペンションである。この190に刺激されて、その後マルチリンク式サスペンションを採用するクルマが増えていったのは周知のとおりである。

コンパクトなメルセデス・ベンツ190は、500万円台と比較的安い設定だったが、メルセデスのイメージを保ったクルマとして評価された。

30年近いブランクのあとで1980年代後半にレースに復帰。1989年のルマン24時間レースで優勝した。

190には、1983年にディーゼルエンジン車が追加されたが、このエンジンは、2500cc直列5気筒は90psのNAと125psのターボがあり、直列6気筒3000ccにターボを装着した150psとがある。もうひとつの追加車種のスポーツバージョンは、DOHC4バルブの2500cc 4気筒200psエンジンを搭載、190E-2.5-16という名称で、ツーリングカーレース用のベース車両になるもので、1989年に登場する日産のスカイラインR32も、このクルマを意識して開発されたものだった。このクルマがモデルチェンジされたのは1993年で、このときからCクラスとなり、現在が3代目となっている。

1980年代になって、メルセデス・ベンツはレースに復帰、積極的な姿勢を見せるようになった。ルマン24時間レースにも参戦。日本のトヨタや日産がチャレンジし始めた1980年代の後半には有力なライバルとなった。日本勢は1990年に辛うじてマツダロータリーが優勝しただけであるが、メルセデス・ベンツは1989年にルマンレースに優勝するとともに、1990年にはWRSPシリーズチャンピオンになっている。

当時ミディアムクラスといわれたメルセデス・ベンツ200D。

また、F1グランプリシリーズやアメリカのインディレースなどにもエンジンを供給するかたちで参戦している。これらは、いずれもメルセデス・ベンツ本社が直接関わるのではなく、レーシングチームと提携、あるいは傘下におさめる形式をとっている。

■Eクラス及びCクラスの誕生

それまでコンパクトクラスといわれていたシリーズは、190シリーズの登場によって、ひとクラス上であることから、モデルチェンジされた1985年からはミディアムクラスと呼ばれるようになった。ディーゼルエンジンを搭載する200Dから300Eまであり、サスペンションは190同様にフロントがストラット、リアがマルチリンク式になった。1987年には電子制御による四輪駆動の4MATICが追加されている。

このミディアムクラスが、1994年にモデルチェンジされるときに「Eクラス」と呼ばれるようになる。190シリーズが1993年にモデルチェンジされて「Cクラス」となったのに対応したものである。

1979年に一足先にSクラスとなったシリーズには、1982年に380SECと500SECというクーペが追加された。メルセデス・ベンツの最高峰に位置するクルマで、これがさらに420SECと560SECになった。いずれもV型8気筒エンジンを搭載する。Sクラスがモデ

ルチェンジされるのは1992年のことである。また、SLクラスはそれより先の1989年に18年振りにモデルチェンジされている。

1989年にモデルチェンジされて登場したメルセデス・ベンツ500SL。

1980年代は、オイルショックを経て、燃費性能や排気のクリーン化などが技術開発の重要なテーマとなった。性能向上との両立が図られるために率先してDOHC4バルブエンジンを採用したが、1990年代になると、V型6気筒では排気浄化のために触媒の温度を高くする必要から3バルブにして点火プラグ2本にしたエンジンを採用したりした。ディーゼルエンジンの分野では、そのデメリットを小さくして性能の良いエンジンにすることに成功して、ヨーロッパを中心に燃費性能の良いディーゼル乗用車の普及に貢献した。

車体でいえば、空気抵抗の少ないスタイルにすることが重要になり、メルセデス・ベンツでは、どの自動車メーカーでも使用する風洞実験に加えて水中で抵抗の具合を見るなどの工夫もした。Cd値が良くなることは高速走行時の燃費も良くなるので重要で、同時に室内空間を広くとり、生産効率を高めることが、多くのメーカーの共通した狙いとなることもあって、時代が進むとともに、メルセデス・ベンツ社のスタイルの独自性を保つことがむずかしくなってきたところがある。

4. 国際的な競争時代のなかで

■脱石油の時代を見越して

現在、ハイブリッドカーや燃料電池車が地球環境との兼ね合いで注目されているが、もっとも早くからこれらの開発に取り組んでいたのもメルセデス・ベンツである。とくに燃料電池車に関して、最初にそのシステムを同社が発表したのは1994年と早い。このときの燃料電池システムは、メタノールから水素を改質して発電するもので、このシステム全体で800kgもあった。背の高いワゴンのスペースの大半がこのシステムで占領されて、実用化までには前途多難であることを思わせた。ところが、燃料電池に関して先進的な技術力を持っていたカナダにあったバラード社と共同開発することで急速に進化し、2000年にはコンパクトなAクラスに搭載して走行できるものにまでなった。全長を短くしてFF方式を採用したAクラスは、Cクラスよりコンパクトなクルマであるが、メルセデスのエントリーカーとしての意味だけでなく、電気自動

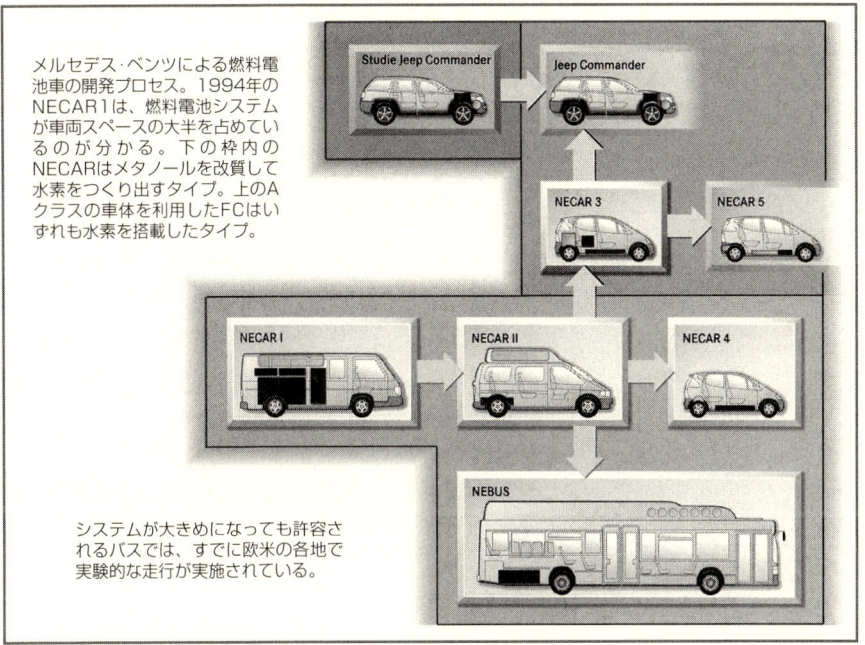

第6章 メルセデス・ベンツの歴史

メルセデス・ベンツによる燃料電池車の開発プロセス。1994年のNECAR1は、燃料電池システムが車両スペースの大半を占めているのが分かる。下の枠内のNECARはメタノールを改質して水素をつくり出すタイプ。上のAクラスの車体を利用したFCはいずれも水素を搭載したタイプ。

システムが大きめになっても許容されるバスでは、すでに欧米の各地で実験的な走行が実施されている。

新しい燃料電池システムを搭載したF600HY GENIUS。

　車や燃料電池車の開発をにらんでのモデルであり、この時点では、ガソリンエンジンに代わって将来の自動車用動力の主役となるのは燃料電池車であると判断したメルセデス・ベンツでは、ハイブリッドカーはそれまでのつなぎの技術であると位置づけていた。

　こうした将来の動力がどうなるか、2000年ころから、日本やアメリカのメーカーも、燃料電池車の開発に力を入れるようになったが、地球上に燃料として使用できる水素がない以上、ガソリンやメタノールから改質して使用するという前提で開発が進められた。しかし、メタノールは有害であることから環境問題があるとして、その後の燃料電池車は、水素を別の形でつくって、それをクルマに供給するシステムの燃料電池が主流になった。そのころから日本のメーカーも開発に力を入れ、実用化に向けて激しい開発競争が繰り広げら

2010年に量産するというBクラスに搭載された燃料電池車。

れているのが現状である。

　Aクラスに燃料電池システムを搭載したF-Cellは、その後進化を遂げてシステムのコンパクト化と性能向上が図られた。2003年からはAクラスに代わる専用の軽量な試作車がつくられるようになり、実用化に向けて開発が進められている。2005年のF600HY GENIUSでは、燃料電池システムはAクラス時代の半分近いスペースと重量にしながら、効率化の向上が果たされている。試験的な段階から実用に向けた開発になっており、水素を貯蔵する高圧タンクは、容量は2分の1で貯蔵圧力はAクラスのものの2倍になっている。リチウムイオンバッテリーを搭載して、自動車の駆動力としてだけでなく、移動型発電ステーションとしての役割も果たすようになっており、燃料電池の電気を通常電圧の電源として使用、電化製品などに電気を供給することができるようになっている。そして、2007年にはBクラスに燃料電池システムを搭載し、それを2010年から量産する方向で開発すると発表した。

　また、厳しくなる燃費規制に対応して、ガソリンエンジン並みの排気のクリーン化を図りながら、ディーゼルエンジン並みの効率を実現させるエンジンとしてDIESOTTOと名付けたパワートレーンの開発を進めている。具体的にはターボを装着した1.8リッターのコンパクトなガソリンエンジンを直噴にして、圧縮比を高めに設定したエンジンで、出力も3.5リッターV6並みの性能になるという。さらに、ディーゼルエンジンで問題となるNOxの排出量を減らすためにBLUETEC（尿素による）を採用、これをシンプルなシステムにしたハイブリッド用エンジンとするなど、燃費対策が進められている。

■国際的な競争のなかでの連衡合従のすえに

　1980年代のメルセデスは、自動車の生産台数でいえばアメリカのビッグスリーはいうに及ばず、同じドイツのVWにも大きく水を空けられていた。しかし、プレミアムカーを中心にして高価格のクルマが中心であるから、その利益は大きく、技術開発に向けられる資金や人材に関しては、世界的な有力メーカーに遜色のないものだった。トヨタを始めとする生産効率の合理化とは異なり、高品質を保つために生産現場にス

第6章 メルセデス・ベンツの歴史

キルを持った人たちを配置する手法を採るものづくりに徹した。コスト的にみれば、この手法は必ずしも有利とはいえなかったが、それこそがメルセデスのクルマづくりの良いところでもあった。

しかし、国際的な競争が激しくなって、どのメーカーも生き残りを賭けて新しい戦略を採るようになると、メルセデスといえども旧態依然とした体制で将来的な展望を見いだすのはむずかしいのではないかという見方が出てきた。

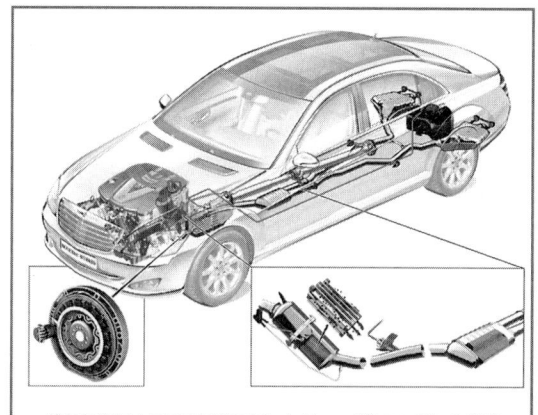

排気対策によりBLUETECにしたディーゼルエンジンを搭載し、ハイブリッドシステムと組み合わせたコンセプトカー。

ドイツのメーカーでは、プレミアムカーとして実績を積んできたBMWが、スポーティさを前面に出して「駆け抜ける歓び」をかかげて販売を伸ばしてきており、FF車中心のアウディも高性能4WDというコンセプトのアウディ・クウァトロでプレミアムカーとしての存在を主張することに成功し、大衆車中心だったVWでも上級車のパサートを登場させるとともにメルセデスに対抗する高級ブランドのフェートンの開発に踏み切った。

こうした1980年代から始まった一連の動きは、それぞれに得意分野を持って棲み分けている時代が終わって、いろいろな分野での競争が始まる様相を見せて、弱肉強食の時代が訪れつつあると思わせた。1980年代の終わりには、トヨタがアメリカでレクサスブランドを、ホンダがアキュラブランドを立ち上げ、燃費の良い小型車中心と思われた日本のメーカーも、プレミアムカーの分野に参入した。メルセデスもおちおちしていられな

DIESOTTOと名付けた燃費と性能の両立を図るべく開発されたパワートレーンを搭載するF700は2007年のモーターショーに出品された。

くなる状況になったのである。

メルセデスではそうした動きが明瞭になる前の1982年に新しいタイプのコンパクトカーである190シリーズを投入していたが、さらにコンパクトなAクラスの市販に踏み切ったのは、電気自動車や燃料電池車のベース車両として使用し、メーカー別燃費規制に対応するためでもあったが、メーカーとしての防御の意味もあったといえるだろう。

クライスラーを吸収してダイムラー・クライスラーとなったが。

1990年代になると、生き残るためには年間生産台数が一定の水準以上でなければならないという数の論理がメーカーの力量であるという風潮が支配的になった。

いやでも将来のクルマのあり方が問われる状況になって、メルセデスが時計メーカーのスウォッチ社と組んで開発したのが超コンパクトサイズのスマートである。ヨーロッパでも都市部での駐車は大きな問題になっており、サイズの小さいクルマに対する要望が強かった。FF方式のAクラスと、全長2.5mというスマートの開発は、メルセデスにとっては、これまでに経験したことのないチャレンジであった。それでいてメルセデスのもつ高品質を保つことは容易なことではない。そのむずかしい課題に取り組まざるを得なくなってきたともいえる。

1998年に、ダイムラー・ベンツはアメリカのビッグスリーの一角であるクライスラーと交渉を始め、世界を驚かせたドイツとアメリカのメーカーが合併してダイムラー・クライスラーがその年の12月に誕生したのも、こうした一連の動きと関係している。

新しいクルマ、新しい技術の開発は休むことなく続けられていく。

さらに、コンパクトカーの開発で実績を持ち、アジアの基地としても考えられることで日本の三菱自動車とも提携する。

　この合併と提携は、ドイツのダイムラー・クライスラー本社にとっては、多額の資金を提供することでもあった。時間がたつにつれて、それだけのリスクを負ってまで世界規模の拡大を図ることが得策であったかどうかという疑問が起こってきた。その結果、2004年に三菱自動車との提携関係は解消され、2007年にはクライスラーを売却することになった。2007年10月にもとの規模に戻って、ダイムラー社として再出発を図ることになったのは、冒頭に記したとおりである。

　BMWでもイギリスのローバー社を傘下に収めたが、それが重荷になってその関係は解消され、VW社が鳴りもの入りで新しい工場をつくって生産を開始した高級車のフェートンも成功しなかった。ダイムラーがクライスラーを売却することになったのも、メルセデスの高級車づくりと大衆車志向のクライスラーとのクルマづくりの方向性の違いを生かすことができず、クライスラー部門を抱え続けることが不利になったからである。

　1990年代から有力メーカーがとった拡大路線の多くが実りの少ないものになってきた。販売台数の多さが、必ずしも生き残るための条件ではなく、ユーザーにアピールする個性や特徴のあるクルマでなくてはならず、その方向をキープしながら将来への展望を見出さなくてはならなかった。

　新生ダイムラー社は、従来の路線である高品質・高級車の路線を堅持することになり、そのうえで、新しい時代に対応した技術開発を進めていくことになる。

■参考文献

エンジンからクルマへ ディーゼル、ゴルドベルク、シルトベルケル著 山田勝哉訳 山海堂
ポルシェの生涯・その時代とクルマ 三石善吉著 グランプリ出版
メルセデス・ベンツ アルフレート・ノイバウアー著 橋本茂春訳 三樹書房
自動車と私・カール・ベンツ自伝 カール・ベンツ著 藤田芳朗訳 草思社
メルセデス・ベンツに乗るということ 赤池学／金谷年展共著 TBSブリタニカ
トヨタvsベンツ 前間孝則著 講談社
ベンツの興亡 山本武信著 東洋経済新報社
アマゾンの畑で採れるメルセデス・ベンツ 泊みゆき＋原後雄太共著 築地書館

■著者略歴

松下　宏（まつした・ひろし）
1951年群馬県前橋市生まれ。立命館大学産業社会学部卒業。業界紙記者やクルマ雑誌編集者などを経て、現在はフリーランスの自動車評論家として活躍。自動車ジャーナリスト集団のAJAJ会員。カー・オブ・ザ・イヤーの選考委員でもある。著書に「RVとはどんなクルマか」「ベストカー探し・この1台」「NET.で拡がるクルマの世界」（共著）（グランプリ出版）などがある。

「メルセデス・ベンツ」オーナーへの道
2007年11月22日 初版発行

| 著　者 | 松下　宏 |
| 発 行 者 | 尾崎桂治 |

発 行 所　株式会社 グランプリ 出版
　　　〒162-0828　東京都新宿区袋町3番地
　　　電話03-3235-3531(代)　振替00160-2-14509

印刷所 (株)グローバルプレス／玉井美術印刷(株)
製本所 (株)越後堂製本

©2007 Printed in Japan　　　ISBN978-4-87687-298-5　C-2053